海南南繁区玉米病虫害
识别生态图谱

郑肖兰　张方平　主编

中国农业科学技术出版社

图书在版编目（CIP）数据

　　海南南繁区玉米病虫害识别生态图谱/郑肖兰，张方平主编．—
北京：中国农业科学技术出版社，2019.8
　　ISBN 978-7-5116-4072-7

　　Ⅰ．①海… Ⅱ．①郑… ②张… Ⅲ．①玉米—病虫害防治—图谱
Ⅳ．① S435.13-64

　　中国版本图书馆 CIP 数据核字（2019）第 044071 号

（本书中照片版权归作者所有，未经许可不得传播）

责任编辑　姚　欢
责任校对　马广洋

出 版 者　中国农业科学技术出版社
　　　　　　北京市中关村南大街 12 号　邮编：100081
电　　话　（010）82106636（编辑室）（010）82109704（发行部）
　　　　　　（010）82109702（读者服务部）
传　　真　（010）82106631
网　　址　http://www.castp.cn
经 销 者　各地新华书店
印 刷 者　北京建宏印刷有限公司
开　　本　787mm×1 092mm　1 /16
印　　张　7.5
字　　数　150 千字
版　　次　2019 年 8 月第 1 版　2019 年 8 月第 1 次印刷
定　　价　60.00 元

《海南南繁区玉米病虫害识别生态图谱》
编写人员

主　　编：郑肖兰　　张方平（共同第一主编）

　　　　　中国热带农业科学院环境与植物保护研究所

副　主　编：朱俊洪　　郑行恺

　　　　　海南大学植物保护学院

前　言

　　南繁是利用我国南方特别是海南岛南部地区冬春季节气候温暖的优势条件，将夏季在北方种植的农作物育种材料，于冬春季节在南方再种植 1~2 季的农作物育种方式。南繁在保障国家粮食安全、缩短农作物育种周期、促进现代农业发展和农民增收、培育科研育种人才等方面做出了突出贡献。2015 年，《国家南繁科研育种基地（海南）建设规划（2015—2025 年）》印发实施，南繁基地建设成为重大基础性、战略性国家工程，南繁全面步入规范化、现代化发展的新阶段。海南是水稻、玉米、棉花等作物的重要南繁基地，由于特殊气候、地理环境，南繁作物上的病虫危害重，造成的损失大。尽管如此，但玉米等南繁作物上病虫种类、为害程度、发生规律尚不明确，难以为防治提供支撑。因此，调查研究南繁区有害生物的种类、为害规律，建立相应的数据库及监测、预警技术是南繁作物的重要基础研究。作者于 2014—2018 年多次到海南省的万宁、陵水、三亚、乐东、东方等（市）县进行玉米病虫害的调查研究，基本摸清了南繁区玉米病虫害的种类及为害特性，以编撰此书。

　　全书包含南繁区玉米病害和虫害两大部分，其中病害部分包含真菌病害、细菌病害以及病毒等侵染性病害 18 种，生理性病害 1 种，配有病害症状和病原物生态原色图 70 张；虫害部分包括主要的钻蛀性害虫、食叶性害虫、刺吸性害虫及地下害虫等共 18 种，配有虫害为害状和各种害虫识别特征生态原色图 93 张，同时还配有其他常见的玉米害虫生态识别原色图 34 张。每部分后面配有主要参考文献，以便查阅。本书同时引入了近年来玉米病虫害的相关研究成果，推荐农业防治、生物防治（微生物源农药、植物源农药）、物理防治以及高效低毒或无毒的化学农药防治等措施的综合应用，以期在玉米病虫害的防治上向绿色防控方向发展。

　　参与本书编撰工作的有中国热带农业科学院环境与植物保护研究所的郑肖兰副研究员

（负责病害部分）、张方平副研究员（负责虫害部分），以及海南大学植物保护学院的朱俊洪副教授（虫害部分）、郑行恺（病害部分）等。同时，中国热带农业科学院环境与植物保护研究所陈俊谕同志提供部分生态照片，书中少量引用了网络上的生态照片，在此一并致谢！本书在编撰过程中，得到了公益性行业（农业）科研专项："南繁区有害生物及转基因作物数据库建设及监测、预警技术研究"项目（编号：201403075-1）的大力支持，也一并表示衷心感谢！

限于时间和作者水平有限，本书在编写过程中难免有疏漏或不足，敬请有关专家、同行、读者批评指正。

编者

2019年1月于海口

目　录

第一部分

南繁区玉米病虫害及其防治综述

玉米是重要的粮饲、工业原料和能源作物，具有极其重要的经济地位。玉米的生产直接影响到我国粮食生产能力的稳定。

南繁是利用我国南方特别是海南岛南部地区冬春季节气候温暖的优势条件，将夏季在北方种植的农作物育种材料，于冬春季节在南方再种植1~2季的农作物育种方式。为了加快玉米品种选育及推广进度，应充分利用海南省得天独厚的热带气候条件为各育种单位服务。南繁育种已经成为了提高选育进程、种子繁殖和加快成果转化速度的途径。利用海南独特的气候环境条件，玉米南繁北育已经从1季发展到2~3季，南繁内容也越发丰富：测配、加代、制种、纯度鉴定、光敏鉴定、抗性鉴定等，近年来有科研人员将观察圃设在海南观察筛选杂种优势组合。因此，高效的玉米南繁工作是当今育种工作顺利进行的重要环节之一。

玉米也是病虫害富集的作物，病害虫害种类多，为害重，防控要求高，海南省南繁种植区玉米病虫害普遍高发，而南繁植保的重要性愈加彰显，鉴于此，笔者及团队对海南省玉米南繁种植区的病虫害进行了调查和研究，结果如下：

一、玉米主要的病虫害

1. 病害主要种类

南繁玉米病害从抽芽期即开始发生，往往田间郁蔽度高，空气湿度大的田块发生更严重，在大喇叭口期到散粉期多集中发生，而且高温多雨的年份，保水效果好的玉米地病害发生更重。

南繁种植区玉米常见的真菌性病害有：褐斑病、纹枯病、锈病、弯孢霉叶斑病和顶腐病等；细菌性病害有：细菌性茎基腐病。细菌性病害病灶部位腐烂有液体渗出且有恶臭，真菌性病害在病灶处可见菌丝或子实体。

2. 虫害主要种类

南繁玉米田常见的地上害虫主要有菜青虫、黏虫、玉米螟、蝗虫、金龟子和蚜虫等；地下害虫主要有蛴螬、地老虎、金针虫和蝼蛄等。其为害特点是黏虫、菜青虫和蝗虫主要取食叶片，前两者一般在玉米拔节期开始为害，后者除了特殊年份一般花期以后开始发病；金龟子虽取食叶片，但其主要为害在取食玉米籽粒，而且从灌浆开始一直持续到收获。蚜虫多取食雄穗及附近茎秆，影响玉米的生长，且蚜虫分泌的蜜露影响雄穗散粉，进而影响其光合作用。调查发现南繁种植田常见某一株玉米披上了一层蚜虫，但未发现蚜虫暴发育种田。地下害虫主要取食玉米小苗根部或茎基导致玉米苗死亡，引起缺苗现象。

二、玉米主要病虫害控制方法

1. 玉米病害控制方法

除了病害控制材料田病害一般较少防治外，制种田和繁殖田因需要产量和材料防治一般都较为规范。感病个体较少时应及时剪除病叶或拔除发病植株，焚烧或深埋，病害较重时选择不同类型的杀菌剂进行针对性喷施或灌根。

2. 玉米虫害控制方法

目前防治玉米田地下害虫，一般采用种子包衣或者杀虫剂混拌肥料均匀施入地下 2 种方法。南繁玉米种植区除了繁殖田外往往种子量少且份数多，包衣不现实，故多将杀虫剂混入肥中起垄时即施入土壤中，常用的药剂为 5 % 毒·辛颗粒剂。平时利用黑光灯、糖醋液诱杀成虫。如果在生长季内发现地下害虫为害严重，可灌根或下毒饵进行诱杀。一般在拔节期看到叶片有缺刻或虫孔时即可喷药防治地上害虫，多用菊酯类杀虫剂或生物杀虫剂。

3. 综合防治措施

要加强栽培管理，合理灌溉，清除田间残枝病叶，消灭地下害虫，减少各种损伤；选择种衣剂对种子进行包衣，有一定的效果；对病株进行销毁，尽量减少侵染源；重病田避免秸秆还田，可轮作倒茬。调查中发现有些重要的育种田间隔 6~10 天喷施保险药剂进行病虫害预防。

第二部分

南繁区玉米病害

玉米小斑病

玉米小斑病（maize southern leaf blight）又称玉米斑点病，玉米南方叶枯病，是玉米生产上为害严重的病害之一。常和大斑病同时出现或者混合发生，因主要发生在叶部，故统称叶斑病。

田间症状

玉米小斑病除为害叶片、苞叶和叶鞘外，对雌穗和茎秆的致病力也比大斑病强，可造成果穗腐烂和茎秆断折，往往是植株底部叶片首先发病，逐渐向中上部蔓延。其发病时间，一般比大斑病稍早，病斑比大斑病小，数量多，椭圆形、圆形或长圆形，发病初期，在叶片上出现半透明水渍状褐色小斑点，后扩大为（5~16）mm ×（2~4）mm 大小的椭圆形褐色病斑，边缘赤褐色，轮廓清楚，有时候会出现轮纹。病斑进一步发展时，内部略褪色，后渐变为暗褐色。天气潮湿时，病斑上生出灰黑色霉状物，即病原菌分生孢子梗和分生孢子。高温潮湿天气，病斑周围或两端可出现暗绿色浸润区，幼苗上尤为明显，病叶萎蔫枯死快，叫"萎蔫型病斑"；如果小病斑数量多时连接成片，但不表现萎蔫状，叫"坏死性病斑"。果穗染病病部生不规则的灰黑色霉区，严重的果穗腐烂，种子发黑霉变（图 2-1）。

病原及特征

该病原菌为玉蜀黍平脐蠕孢 *Bipolaris maydis*（Nisikado *et* Miyake）Shoeml，隶属于真菌界半知菌亚门、丝孢纲、丝孢目，暗梗孢科，长蠕孢属。该菌菌丝体褐色，分生孢子梗单生或者丛生，多隔膜，表面光滑，长达 1 000 μm，宽 5~10 μm。分生孢子纺锤形，长椭圆形，直或者稍弯，褐色或深褐色，多胞，具隔膜 1~15 个，一般 6~8 个，两端圆锥形，基胞半球形，中央或者距基部 1/3 处最宽，脐点平齐或者略突出。

有性态物 *Cochliobolus heterostrophus*（Drechsler）Drechsler 称异旋孢腔菌。子囊座黑色，近球形，大小（357~642）μm ×（276~443）μm，子囊顶端钝圆，基部具短柄，大小（124.6~183.3）μm×（22.9~28.5）μm。每个子囊内有 2~4 个子囊孢子。子囊孢子长线形，彼此在子囊里缠绕成螺旋状，有隔膜，大小（146.6~327.3）μm ×（6.3~8.8）μm。

玉米小斑病有致病性分化，已鉴定出多个生理小种，根据对不同细胞质类型玉米的致

图 2-1　玉米小斑病受害症状

病性来确定。该菌在玉米上已发现 O、T 两个生理小种。T 小种对有 T 型细胞质的雄性不育系有专化型，O 小种无这种专化性。

侵染循环与发生规律

玉米小斑病菌主要以菌丝体和分生孢子在病残株上或者野生寄主上越冬。玉米小斑病的初侵染菌源主要是上一年收获后遗落在田间或玉米秸秆堆中的病残株，其次是带病种子。玉米生长季节内，遇到适宜的温、湿度，越冬菌源会产生分生孢子，传播到玉米植株上，在叶面有水膜条件下萌发侵入寄主，遇到适宜发病的温、湿度条件，在一个生长季节内，病株产生的分生孢子，借风雨分散传播，发生多次再侵染。玉米从苗期到成熟期均可发病，通常玉米下部叶片最先发病，逐渐向植株中、上部叶片和周围植株扩展，玉米抽雄后进入发病盛期。

分生孢子的抗干燥能力很强，在玉米种子上可存活。子囊壳形成最适温度为26~33℃，低于17℃不能形成子囊壳。子囊壳从形成到成熟大约需要1个月，成熟的子囊壳接触水分后，顶端破裂，释放出子囊和子囊孢子。

分生孢子从分生孢子梗的顶端或侧方长出，该菌生长发育适温范围广，温度10~35℃均可生长；分生孢子的形成和萌发均需要高湿条件。因而降水量和空气相对湿度就成为决定小斑病流行程度的关键因素，除气象因素外，栽培管理情况也有着重要影响，玉米重茬连作、播种过迟、施肥不足、抽雄后脱肥，排灌失当、土质黏重、田间积水等都能使发病加重。

防治原理与方法

玉米小斑病是靠气流传播、多次侵染的病害，加上越冬菌源很广泛，单用一种措施防治效果不理想。因此海南省玉米南繁种植区防治小斑病主要是减少菌源，加强栽培管理与喷药防治等措施，实行综合防治。

1.农业防治

（1）田间病株残体上潜伏或附着的病菌是玉米小斑病的主要初侵染来源，因此玉米收获后应彻底清除残株病叶，及时翻耕土地埋压病残体，是减少初侵染源的有效措施。

（2）发病后应及时摘除下部老叶、病叶，带出田外销毁，以减少再侵染菌源。

（3）同时增施基肥，氮、磷、钾肥合理配合施用，并适时进行追肥，尤其是避免拔节和抽穗期脱肥，保证植株健壮生长，具有明显的防病增产作用。

（4）及时中耕灌水，降低田间湿度。

2.药剂防治

玉米植株高大，田间作业困难，不易进行药剂防治，但适时采用药剂防治来保护南繁制种田玉米是病害综合防治不可缺少的重要环节。发病初期喷洒75%百菌清可湿性粉剂800倍液、70%甲基硫菌灵可湿性粉剂600倍液、25%苯菌灵乳油800倍液或50%多菌灵可湿性粉剂600倍液，间隔7~10天喷1次，连续防治2~3次。

玉米大斑病

玉米大斑病（maize northern leaf blight）又称条斑病、枯叶病、煤纹病、叶斑病等。

田间症状

该病由植株下部叶片先开始发病，向上蔓延，主要为害玉米的叶片、叶鞘和苞叶。初侵染时病斑呈水渍状斑点，形成边缘暗褐色、中央淡褐色或青灰色的大斑，成熟病斑呈长梭形，长5~10cm，宽1cm左右，有的病斑更大，或几个病斑相连融合成大的不规则形枯斑，后期病斑常有纵裂，严重时叶片焦枯。病斑主要分为3种类型：① 病斑黄褐色，中央灰褐色，边缘有较窄的褐色到紫色晕圈，病斑较大，多个病斑常连接成片状枯死，出现在感病品种上。气候潮湿时病斑上有大量灰黑色霉层（即病原孢子）。② 病斑黄褐色或灰绿色坏死条纹，中心灰白色，外围有明显的黄色退绿圈，病斑相对较小，扩展速度慢，多出现在抗病品种上。③ 病斑紫红色，周围有或者无黄色或者淡褐色退绿圈，中心灰白色或者无，不产生或极少产生孢子。此类病斑产生在抗病品种上。海南省玉米南繁育种种植区大斑病可见，但未见大面积发生（图2-2）。

病原及特征

玉米大斑病病原菌 *Exserohilum turcicum*（Pass.）Leonard et Suggs 称大斑凸脐蠕孢，隶属于真菌界，子囊菌门，座囊菌纲，格孢菌亚纲，格孢菌目（腔菌目），格孢菌科，毛球腔菌属真菌。异名 *Helminthosporium turcicum* Pass.、*Drechslera turcica*（Pass.）Subram & Jain。玉米大斑病菌的分生孢子梗自气孔伸出，单生或2~3根束生，褐色不分枝，正直或膝曲状，基细胞较大，顶端色淡，具2~8个隔膜，大小（35~160）μm ×（6~11）μm。分生孢子梭形或长梭形，榄褐色，顶细胞钝圆或长椭圆形，基细胞尖锥形，有2~7个隔膜，大小（45~126）μm ×（15~24）μm，脐点明显，突出于基细胞外部。有性态 *Setosphaeria turcica*（Luttr.）Leonard & Suggs 称玉米毛球腔菌。异名有 *Trichometas phaeria turcica* Luttrell.、*Keissleriella turcica*（Luttrell.）V. Arx。自然条件下一般不产生有性世代。成熟的子囊果黑色，椭圆形至球形，大小（359~721）μm ×（345~497）μm，外层由黑褐色拟薄壁组织组成。子囊果壳口表皮细胞产生较多短而刚直、褐色的毛状物。内层膜由较小透明细胞组成。子囊从子囊腔基部长出，夹在拟侧丝中间，圆柱形或棍棒形，

图 2-2　玉米大斑病受害症状

具短柄，大小（176~249）μm ×（24~31）μm。子囊孢子无色透明，老熟呈褐色，纺锤形，多为 3 个隔膜，隔膜处溢缩，大小（42~78）μm ×（13~17）μm。孢子萌发时，芽管大多从孢子顶端细胞中长出，少数孢子基部细胞甚至中间细胞也可长出芽管或者两端各生1 根芽管。

侵染循环与发生规律

玉米大斑病病原菌以菌丝或分生孢子附着在病残组织内越冬，成为翌年发病的初侵染源，种子和堆肥中尚未腐烂的病残体也能带少量病菌。越冬期间的分生孢子，往往细胞壁加厚，原生质浓缩，成为厚壁孢子。一个分生孢子可以形成 2~3 个厚壁孢子，厚壁孢子的抗逆性较强。

分生孢子主要借风雨和气流传播，一旦条件适宜，2 小时即可萌发，并可重复侵染。一般来说分生孢子萌发产生芽管，芽管顶端首先产生附着孢，附着孢上再产生侵入丝。侵入丝大多从玉米表皮细胞或表皮细胞间隙直接侵入，少数也可从气孔侵入，而且叶片两面都可以成功侵入，整个侵入过程如果温度条件适宜（23~25℃）6~12 小时即可完成，侵入丝侵入玉米后产生泡囊组织，再从泡囊产生次生菌丝向四周扩展蔓延。菌丝在叶片细胞中的扩展很慢，一旦侵入到木质部导管和管胞后则扩展加快。病菌从侵入到发病需要7~10 天，但不同的品种其潜育期长短不一。

玉米大斑病的发生与流行，除了具备菌源和感病品种外，主要决定于温度和湿度是否适宜。温度 20~25℃、相对湿度 90% 以上利于病害发展。气温高于 25℃或低于 15℃，相对湿度小于 60%，持续几天，病害的发展就受到抑制。从拔节到出穗期间，气温适宜，又遇连续阴雨天，病害发展迅速，易大流行。玉米孕穗、出穗期间氮肥不足发病较重。低洼地、密度过大、连作地易发病。

防治原理与方法

玉米大斑病在海南省南繁育种种植区主要靠加强农业防治，并使用化学药剂防治等综合防治方法。

1. 农业防治

（1）加强栽培管理，采用配方施肥技术，施足基肥，增施腐熟的有机肥和磷钾肥。

（2）做好中耕除草培土工作，摘除底部 2~3 片叶，降低田间相对湿度，使植株健壮，提高抗病力。

（3）玉米收获后，清洁田园，将秸秆集中处理，经高温发酵用作堆肥。

2. 药剂防治

发病初期喷药，药剂可选用：50% 多菌灵可湿性粉剂 500 倍液、50% 甲基硫菌灵可湿性粉剂 600 倍液、75% 百菌清可湿性粉剂 800 倍液、52% 克菌宝可湿性粉剂 600 倍液、40% 克瘟散乳油 800~1 000 倍液、50% 腐霉利可湿性粉剂 1 000~1 500 倍液、25% 苯菌灵乳油 800 倍液或 58% 代森锰锌·甲霜灵可湿性粉剂 500 倍液，间隔 7~10 天喷 1 次，连续防治 2~3 次。

玉米灰斑病

玉米灰斑病（maize gray leaf spot）又称尾孢叶斑病、玉米霉斑病，除侵染玉米外，还可侵染高粱、香茅、须芒草等多种禾本科植物。

田间症状

玉米灰斑病在玉米整个生育期均可发生，病菌主要为害叶片，也侵染叶鞘和苞叶。初始病斑为水渍状，淡褐色斑点，逐渐扩展为与叶脉平行的浅褐色条纹或不规则的灰色到褐色长条斑，常呈矩形，发病后期在叶片两面病斑上均可产生灰黑色霉层，即病菌的菌丝、分生孢子和分生孢子梗等。病斑多限于叶脉之间，与叶脉平行，成熟时病斑中央灰色，抗病品种病斑多为点状，周围有褐色边缘。重病地块叶片病斑连接，导致叶片大部分变黄枯焦，果穗下垂，籽粒松脱干瘪，百粒重下降，严重影响玉米产量和品质（图2-3）。

病原及特征

病原真菌是玉蜀黍尾孢菌（*Cercospora zeae* maydis Tehon & Daniels）。分生孢子梗密生，浅褐色，有隔膜，1~3个膝状节，上着生分生孢子，具孢痕，分生孢子梗无分枝；分生孢子鞭形或线形，下端较直或稍弯曲，无色或者淡色，多胞，1~8个隔膜，多数3~5个隔膜，孢脐明显，顶端较细稍钝，有的顶端较尖。

侵染循环与发生规律

玉米灰斑病病原菌主要以子实体、分生孢子或菌丝随病残体越冬，成为翌年初侵染源。玉米灰斑病是一个随气流和雨水飞溅传播的病害。当叶片上有水膜时，分生孢子萌发，产生芽管和侵入丝，从气孔或者伤口侵入。玉米发病后，病斑上产生分生孢子进行重复侵染，不断扩展蔓延。条件适合时病害传播很快，一个病害侵染循环周期大约10天。若气温适合（20~25℃）、雨水多或空气相对湿度高达90%以上时，灰斑病容易严重发生，造成流行；而高温干旱天气则不利于病害流行。此外种植密度高、不透风、湿度大均会加快病害的传播速度。个别地块可引致大量叶片干枯，而且品种间抗病性有差异。

图2-3　玉米灰斑病受害症状

防治原理与方法

1.农业防治

（1）清洁田园，减少菌源基数，在玉米收获后至播种前，及时清除玉米秸秆等病残体，用作燃料或高温沤肥，减少病害的初次侵染源，有效预防玉米灰斑病的发生。玉米发病后，摘除病株下部2~3片病叶，减少病害的再次侵染源。

（2）合理密植，规范化栽培，有利于通风透光，改善田间小气候，增强植株抗性，预防病害的发生。

（3）加强田间管理，合理浇水施肥。雨后及时排水，严禁积水，防止湿气滞留；在播种时施足基肥，及时追肥，防止后期脱肥。

2.药剂防治

发病初期，可喷洒75%百菌清可湿性粉剂500倍液、50%苯菌灵可湿性粉剂1 500倍液、40%克瘟散乳油800~900倍液、25%苯菌灵乳油800倍液、50%多菌灵可湿性粉剂600倍液或20%三唑酮乳油1 000倍液，间隔7~10天喷1次，连续防治2~3次。

玉米锈病

玉米锈病（maize rust）是我国玉米上的重要病害，包括普通锈病和南方锈病，这两种病害在海南省南繁种植区均有发生，主要发生在玉米生长的中后期。发病后，叶片被橘黄色的夏孢子堆和夏孢子所覆盖，影响叶片光合作用，甚至导致叶片衰老死亡。

田间症状

玉米锈病主要为害叶片，也可以侵染叶鞘、苞叶和雄穗。玉米锈病初发生时，症状为在叶片上初生褪绿小斑点，很快发展成为黄褐色突起的疱斑，随后疱斑破裂，散出来的铁锈色粉状物，即病原菌夏孢子。夏孢子堆多生于叶片正面，少数生长在叶背面，夏孢子堆圆形、卵圆形、小球形等，覆盖夏孢子堆的表皮开裂缓慢而不明显。发病后期，在夏孢子堆附近散生冬孢子堆。冬孢子堆深褐色至黑色，常在周围出现暗色晕圈，冬孢子堆的表皮多不破裂。严重时叶片和叶鞘退绿或者枯死。

南方锈病和普通锈病的症状不同：南方锈病夏孢子堆小而密集，主要生于叶片正面，夏孢子堆色泽鲜艳，多呈淡黄褐色，玉米叶片表皮开裂不明显；而普通锈病夏孢子堆较大，分布较稀疏，色泽较深，黄褐色、红棕色至黑褐色，覆盖夏孢子堆的表皮大片撕裂（图2-4）。

病原及特征

玉米锈病病原菌为柄锈菌，属于专性寄生菌，不能脱离寄主植物而存活，有多个生理小种。

南方锈病病原菌为多堆柄锈菌（*Puccinia polysora* Underw），隶属于担子菌亚门，冬孢菌纲，锈菌目，柄锈属。夏孢子堆生于叶两面；细密散生，常布满全叶，椭圆形或纺锤形，初期被表皮覆盖，后期表皮开裂而露出，粉状，橙色至黄褐色；夏孢子近球形或倒卵形，淡黄褐色，有细刺，芽孔4~6个，腰生。

冬孢子堆长期埋生于表皮下，近黑色；冬孢子形状不规则，常有棱角，多为近椭圆形，或近倒卵形，顶端钝圆或平截，双胞，表面光滑，芽孔不清楚，柄淡褐色，较短，不易脱落。

玉米普通锈病的病原菌为高粱柄锈菌（*Puccinia sorghi* Schw.），隶属于担子菌亚门、

图2-4 玉米锈病受害症状

冬孢菌纲、锈菌目、柄锈属。夏孢子球形、近球形或椭圆形，浅褐色，表面具微刺，赤道附近具4个发芽孔。冬孢子长椭圆形或椭圆形，栗褐色、黑褐色，顶端圆，少数扁平，表面光滑，具1个隔膜，隔膜处稍溢缩，柄淡黄色至淡褐色。高粱柄锈菌存在生理分化现象。

侵染循环与发生规律

锈菌是专性寄生菌，只能在生活的寄主上存活，脱离寄主后，很快死亡。海南省终年有玉米生长，锈病可以在各茬玉米之间持续侵染，辗转为害，完成周年循环。病原菌产生夏孢子，随风雨传播，在一个生长季节中发生多次再侵染，使病株率和病叶率不断升高，由点片发生发展到普遍发病，在适宜条件下，严重度剧增，造成较大为害。夏孢子可随气流远距离传播，进行异地菌源交流。高温（25~31℃）、多雨、高湿的气候条件适于南方锈病发生；而温度适中、多雨高湿的天气适于普通锈病发生，当气温16~23℃、空气相对湿度100%时发病重。

防治原理与方法

因锈病是一种气流传播的大区域发生和流行的病害，海南省南繁种植区在防治上采用以农业防治和药剂防治相结合的综合防治措施。

1. 农业防治

（1）清洁地块：玉米收获后及时清除田间玉米茎叶、残株，集中烧毁或沤肥，避免秸秆还田，尽量减少田间菌源。玉米种植前及早清除田地中及周围病株残体，生长期发现病株及时拔除集中销毁。

（2）合理密植：既有利于玉米增产，又有利于田间通风透光，改善田间小气候，抑制和减轻锈病的发生流行。

（3）合理施用氮肥，增施磷、钾肥，避免偏施氮肥，提高植株抗病能力。

（4）合理水分管理：最好采用高畦栽培，严禁大水漫灌，雨后及时排水降湿、中耕培土，促进玉米生长健壮，增强抗病能力。

（5）合理轮作：实行轮作，与非禾本科作物轮作可减少病原菌积累，不仅可减轻锈病的为害，也可减轻其他玉米病害。

（6）生产上可结合防治玉米螟、棉铃虫、甜菜夜蛾、蚜虫等虫害，减少玉米伤口。

2. 药剂防治

（1）药剂拌种。播种时对玉米种子进行包衣，用2%立克秀可湿性粉剂，或用25%三唑酮可湿性粉剂等药剂对种子进行拌种，可减少玉米锈病的发生率和危害程度。

（2）田间防治。在发病初期，田间出现发病中心立即用药，可采用25%三唑酮可湿性粉剂 800 倍液、12.5% 烯唑醇可湿性粉剂 4 000 倍液、75% 氧化萎锈灵可湿性粉剂 1 600 倍液、20% 三唑酮乳油 1 000~1 500 倍液或 50% 吡喃灵可湿性粉剂 1 500 倍液，一般间隔 7~10 天喷 1 次，连喷 2~3 次。若喷后 24 小时内遇雨，应在雨停后采取补喷。在发病高峰期，可用 97% 敌锈钠原药 250~300 倍液或 50% 福美甲胂可湿性粉剂 800 倍液喷雾防治。

玉米弯孢霉叶斑病

田间症状

玉米弯孢霉叶斑病（curvularia leaf spot），主要为害玉米叶片，也为害叶鞘和苞叶。初生褪绿小斑点，逐渐扩展为圆形至椭圆形褪绿透明斑，中间枯白色至黄褐色，边缘暗褐色，四周有浅黄色晕圈；有时多个病斑连成一片，呈片状坏死，严重时叶片枯死。湿度大时，病斑正背两面均可见灰色分生孢子梗和分生孢子。该病症状变异较大，在有些自交系和杂交种上只生一些白色或褐色小点（图2-5）。

图2-5　玉米弯孢霉叶斑病受害症状

病原及特征

弯孢霉 [*Curvularia lunata*（Walker）Boedijn]，有性态为 *Cochliobolus lunatus* Helson *et* Haasis，属半知菌亚门真菌。

在PDA培养基上，菌落圆形、平展，菌丝放射状，气生菌丝绒絮状，初灰白色，后期褐色，菌落背面墨绿色。分生孢子梗褐色至深褐色，单生或簇生，直或弯曲，上部常呈膝状。分生孢子淡褐色，直或弯曲，多为3隔，从基部起第3个细胞较大，广梭形、棍棒形或近椭圆形，少数"Y"形（三角形）。

侵染循环与发生规律

病菌在病残体上越冬，翌年 7—8 月高温高湿或多雨的季节利于该病发生和流行。玉米秸垛、田间地表的病残体是病菌的主要初侵染源。该病属高温高湿型病害，发生轻重与降雨多少、时空分布、温度高低、播种早晚、施肥水平关系密切。生产上品种间抗病性差异明显。

病菌以菌丝潜伏在病残体上越冬，也能以分生孢子状态越冬，病叶、杂草和秸秆是主要的初侵染源，菌丝体产生分生孢子借气流和雨水传播到玉米叶片上，进行再侵染。不同品种和自交系抗病性有显著差异。此病发生轻重与玉米播种早晚、施肥水平关系密切，玉米播种较晚、密度过大、地势低洼、四周屏障等，会使田间通风透光性差，造成高湿小气候而有利病菌滋生。此外，高温、降雨较多的年份有利于发病，低洼积水田和连作地块发病较重。

防治原理与方法

1. 农业防治

（1）种植时注意品种间的合理布局和轮作。

（2）清洁田园，玉米收获后及时清理病株和落叶，秸秆高温堆肥，或者地头不留玉米秸秆，减少初侵染菌源。

（3）合理密植、增施有机肥、高秆与中矮秆玉米间作，以保证田间的通风透光。

2. 药剂防治

田间发病率在 10% 左右时进行药剂防治，可喷施 75% 百菌清可湿性粉剂 500~600 倍液、25% 敌力脱乳油 2 000 倍液、50% 福美双可湿性粉剂 600~800 倍液或 50% 多菌灵 600~800 倍液。如果气候条件适宜发病时，5~7 天后再防治 1 次。

玉米圆斑病

田间症状

玉米圆斑病（maize leaf spot）主要为害叶片、果穗、苞叶和叶鞘。叶片上病斑初为水渍状淡绿至淡黄色小点，以后扩大为圆形或卵圆形斑点，中央淡褐色，边缘褐色，具黄绿色晕圈，呈同心轮纹状。发病严重时，数个病斑汇合变成长条斑。苞叶上的病斑向内扩展，可侵染玉米粒和穗轴，病部变色凹陷，果穗变形，严重时果穗炭化变黑，籽粒和苞叶上长满黑色霉层，形成穗腐（图2-6）。

图2-6　玉米圆斑病受害症状

病原及特征

病原菌为玉米生平脐蠕孢 [*Bipolaris zeicola*（Stout）Shoem]，这是一种无性型真菌，属半知菌亚门真菌。异名 *Helminthosporium carbonum*（Ullstrup）shoem。其有性态为子囊菌 *Cochliobolus carbonum* Nelson。分生孢子梗暗褐色，顶端色浅，单生或2~6根丛生，正直或有膝状弯曲，两端钝圆，基部细胞膨大，有隔膜3~5个。分生孢子深橄榄色，长椭圆形，中央宽，两端渐窄，孢壁较厚，顶细胞和基细胞钝圆形，多数正直，脐点小，不明显，具隔膜4~10个，多为5~7个。该菌有小种分化，现已报道玉米圆斑病菌有5个小种，其中我国有3个小种。除玉米外，该菌还可侵染高粱、大麦、水稻及多种禾本科植物。

侵染循环与发生规律

病菌主要以菌丝体随病残体在地面和土壤中越冬，此外种子也能带菌传病，主要通过菌丝体潜藏在种子内部，或者以菌丝体和孢子附着在种子外表，以及种子之间混杂的病叶碎片上越冬，这些染病的种子不能发芽而腐烂在土壤中，引起幼苗发病或枯死。条件适合时，越冬病原菌生出分生孢子，随风雨传播到玉米植株上而侵染玉米，病斑上又产生分生孢子，引起叶斑或穗腐，进行多次再侵染。病原菌首先侵染玉米植株的下部叶片，陆续扩展到上部叶片、苞叶和果穗。

防治原理与方法

1.农业防治

（1）加强植物检疫，严禁从病区引种，且种植前先进行种子消毒：用种子重量0.3%的15%三唑酮可湿性粉剂拌种。

（2）在玉米出苗前彻底处理病残体，减少初侵染源。

2.药剂防治

（1）在玉米吐丝盛期，即50%~80%果穗已吐丝时，向果穗上喷洒25%三唑酮可湿性粉剂500~600倍液、50%多菌灵或70%代森锰锌可湿性粉剂400~500倍液，间隔7~10天喷1次，连续防治2次以上。

（2）对感病的自交系或品种，于果穗青尖期喷洒25%三唑酮可湿性粉剂1 000倍液或40%福星乳油8 000倍液，间隔7~12天喷1次，连续防治2~3次。

玉米链格孢菌叶斑病

田间症状

玉米链格孢叶斑病（maize alternaria leaf spot）生在玉米叶片正背两面，叶鞘和苞叶，病斑近圆形至长椭圆形，病斑初呈灰绿色，后呈浅灰色，四周有暗褐色细线圈，病斑扩展不受叶脉限制，气候潮湿时病斑中央生有一层黑色霉状物，即病原菌的分生孢子梗和分生孢子。严重时多个病斑融合成长条形至不规则形大斑，部分病斑中央破裂穿孔，致叶片撕裂状干枯坏死（图 2-7）。

图 2-7　玉米链格孢叶斑病受害症状

病原及特征

病原为 *Alternaria alternata*，称链格孢，属真菌界半知菌类。分生孢子梗单生或簇生，不分枝或不规则分枝，多数弯曲，分隔，淡褐色，有 1 个至多个孢痕。分生孢子梭形、卵形、椭圆形、倒棒状，形状不一致，褐色至淡褐色，无喙或喙短，不同程度地不规则弯曲，有 2~15 个横隔膜或更多，个别孢子具少数纵、斜隔膜，分隔处不溢缩或稍溢缩。

侵染循环与发生规律

病菌以菌丝体和分生孢子在病残体上，或随病残体遗落在土中越冬，翌年产生分生孢子进行初侵染和再侵染。该菌寄主种类多，分布广泛，在其他寄主上形成的分生孢子，也可作为玉米生长期中该病的初侵染和再侵染源。

防治原理与方法

1.农业防治

（1）清除玉米田感病植株和田间杂草，减少侵染玉米的侵染源。

（2）合理密植，规范化栽培，有利于通风透光，改善田间小气候，增强植株抗性，预防病害的发生。

（3）加强田间管理，合理浇水施肥，充分施足基肥，适时追肥。雨后及时排水，严禁积水。

2.药剂防治

喷洒75%百菌清可湿性粉剂600倍液、50%腐霉利可湿性粉剂1 500倍液、50%扑海因可湿性粉剂1 000倍液或70%代森锰锌可湿性粉剂500倍液，间隔7~15天喷1次，防治2~3次。施药同时可选择加配绿风95、十乐素、蓝色晶典或芸薹素内酯等营养调节剂混合使用。

玉米红叶病

田间症状

玉米红叶病为侵染性病害，由病毒引起。主要为害玉米叶片，从下部第4、第5叶片开始，向上逐渐发病。叶片多由叶尖沿叶缘向基部变紫红色（个别品种变金黄色），质地略硬，病叶光亮，叶鞘也相应变色。变红区域常常能够扩展至全叶的1/3~1/2，有时在叶脉间仅留下少部分绿色组织，发病严重时引起叶片干枯死亡。发病早的植株矮小，茎秆细瘦，叶片狭小，根系不发达（图2-8）。

病原及特征

病原菌为大麦黄矮病毒（Barley yellow dwarf virus，简称BYDV），属黄症病毒属。病毒粒子为等轴对称正20面体，病毒核酸为单链RNA，分为DAV、GAV、GDV、RMV等株系。除侵染玉米外该病毒还能侵染小麦、大麦、燕麦、黑麦、高粱、谷子、雀麦、虎尾草、小画眉草、金色狗尾草等多种禾本科植物。

侵染循环与发生规律

该病毒由蚜虫以循回型持久性方式传播，传毒蚜虫主要有玉米蚜、麦长管蚜、禾谷缢管蚜、麦无网蚜和麦二叉蚜等。蚜虫不能终生传毒，也不能通过卵或胎生若蚜传毒至后代。该病害的流行和蚜虫的发生时间、虫口密度及其严重程度密切相关；温度也是主要影响因素。

传毒蚜虫以若虫、成虫或卵在麦苗和杂草基部或根际越冬越夏。发病程度与麦蚜虫口密度有直接关系。有利于麦蚜繁殖温度，对传毒也有利，病毒潜育期较短。该病流行与毒源基数多少有重要关系，麦蚜虫口密度大易造成红叶病大流行。另外，该病发生与本品种灌浆快慢有关，当大量合成的糖分因代谢失调不能迅速转化则变成花青素，绿叶变红。

防治原理与方法

1.农业防治

（1）清除玉米田感病植株和田间杂草，减少侵染玉米的毒源和介体蚜虫。

图 2-8 玉米红叶病受害症状

（2）合理密植，规范化栽培，有利于通风透光，改善田间小气候，增强植株抗性，预防病害的发生。

（3）加强田间管理，合理浇水施肥。雨后及时排水，严禁积水，防止湿气滞留；在播种时施足基肥，及时追肥，防止后期脱肥，提高植株抗病力。

2.药剂防治

及时防治蚜虫是预防红叶病流行的有效措施。可喷施 50% 灭蚜松乳油 1 000~1 500 倍液、2.5% 氯氟氰菊酯、溴氰菊酯或氯氰菊酯乳油 2 000~4 000 倍液等。

玉米褐斑病

玉米褐斑病（maize brown spot）是我国发生严重且发病较快的一种玉米病害。该病害在全国各玉米产区均有发生，温暖潮湿地区发生较多。该病主要危害玉米叶片、叶鞘及茎秆。先在顶部叶片的尖端发生，以叶和叶鞘交接处病斑最多，常密集成行，最初为水渍状退绿小斑点，黄褐或红褐色，病斑为圆形、近圆形或椭圆形，成熟病斑中心点隆起，附近的叶组织常呈红色，小病斑常汇集在一起，严重时叶片上布满病斑，在叶鞘上和叶脉上出现较大的褐色斑点。

发病后期病斑表皮破裂，叶细胞组织呈坏死状，散出褐色粉末（病原菌的孢子囊），病叶局部散裂，叶脉和维管束残存如丝状。茎上病多发生于节的附近。果穗苞叶发病后，症状与叶鞘相似（图2-9）。

病原及特征

病原菌为玉蜀黍节壶菌（*Physoderma maydis* Miyabe），隶属于真菌界，鞭毛菌亚门，壶菌纲，壶菌目，节壶菌属。该病菌是玉米上的一种专性寄生菌，寄生在薄壁细胞内。该菌菌体为单细胞，有细胞壁，多核。菌体膨大后转变成长椭圆形或卵圆形的薄壁孢子囊或配子囊，释放出体型较小的游动配子或者游动孢子。配子可形成合子，萌发后侵入寄主，在寄主体内发育成不定型的菌体，进入内寄生阶段。菌体间有丝状假根相连，菌体膨大后转变为球形休眠孢子囊，休眠孢子囊壁厚，近圆形、卵圆形或球形，黄褐色，略扁平，有囊盖。从囊盖开口释放出较大的游动孢子，孢子椭圆形，一端扁平有盖，萌发时盖开启，内有乳头状突起的无盖排孢，释放出游动孢子；游动孢子有单尾鞭毛。孢子囊长，壁薄，椭圆形。

侵染循环与发生规律

病菌以休眠孢子（囊）在土地或病残体中越冬，病菌靠风雨气流传播到玉米植株上，遇到合适条件萌发产生大量的游动孢子，游动孢子在叶片表面的水滴中游动，并形成侵染丝，侵害玉米的幼嫩组织。温度高、湿度大、阴雨日较多时，有利于发病。在土壤瘠薄的

图 2-9　玉米褐斑病受害症状

地块，叶色发黄、病害发生严重；在土壤肥力较高的地块，玉米健壮，叶色深绿，病害较轻甚至不发病。

防治原理与方法

该病一般不需要采取特定的防治措施，主要通过科学管理，结合追施速效肥料，促进玉米健壮，提高玉米抗病能力。在发病较重的田地，可使用以下方法。

1.农业防治

（1）玉米收获后及时彻底清除病残体组织，并深翻土壤，减少菌源。

（2）合理排灌，及时排除田间积水，降低田间湿度，控制发病条件，可减轻病害的发生。

（3）施用充分腐熟的有机肥，适时追肥、并注意氮、磷、钾肥搭配，及时中耕除草，促进植株生长健壮，提高植株的抗病力。

（4）种植密度适当，高矮品系间隔种植，提高田间通透性。

2. 药剂防治

（1）提早预防。在玉米 4~5 片叶期，用 25% 的三唑酮可湿性粉剂 1 000 倍液、25% 戊唑醇 1 500 倍液或 50% 多菌灵可湿性粉剂 1 000 倍液等叶面喷雾，可预防玉米褐斑病的发生。

（2）及时防治。玉米初发病时立即用 25% 的三唑酮可湿性粉剂 1 000 倍液喷洒茎叶，或用防治真菌类药剂，如烯唑醇、异菌脲、代森锰锌与杀卵菌剂的复配剂如霜脲氰或恶霜灵等进行喷洒。为了提高防治效果，可在药液中适当加些叶面肥，如叶面宝、磷酸二氢钾、壮汉液肥、磷酸二铵水溶液或蓝色晶典多元微肥等。根据多雨的气候特点，喷杀菌药剂一般 2~3 次，间隔 7 天左右，喷后 6 小时内如下雨应雨后补喷。

玉米纹枯病

玉米纹枯病（maize sheath blight）是为害玉米的重要病害，主要侵害叶鞘，也可为害叶片、果穗及苞叶。发病严重时，能侵入坚实的茎秆，但一般不引起倒伏。该病在全国各地都有不同程度的发生，随着玉米种植面积的迅速扩大和高产密植栽培技术的推广，玉米纹枯病发展蔓延较快，已在全国范围内普遍发生，且为害日趋严重。由于该病害为害玉米近地面的几节叶鞘和茎秆，引起茎基腐烂，破坏输导组织，影响水分和营养的输送，因此造成的损失较大。在海南省玉米南繁种植区也普遍发生（图 2-10）。

玉米纹枯病病原菌主要有三种：①立枯丝核菌（*Rhizoctonia solani* Kühn），属半知菌亚门真菌，有性态为 *Thanatephorus cucumeris*（Frank）Donk 称瓜亡革菌，担子菌门亡革菌属；②禾谷丝核菌（*R. cerealis* Vander Hoeven）CAG 类菌丝融合群也是该病重要的病原菌，其中 CAG-10 对玉米致病力强。中国不同玉米种植区玉米纹枯病的立枯丝核菌的菌丝融合群及致病性不同，菌丝在融合前常相互诱引，形成完全融合、不完全融合或接触融合 3 种融合状态；③是玉蜀黍丝核菌 (*R. zeae*)。

该病在我国玉米各种植区均普遍发生，海南省玉米南繁种植区若遇上连续潮湿阴雨天气则发病严重。该病菌主要为害叶鞘，也可为害茎秆，严重时也会引起果穗受害。发病初期多在基部 1~2 茎节叶鞘上产生暗绿色水渍状病斑，后扩展融合成不规则形或云纹状大病斑。病斑中部灰褐色，边缘深褐色，由下向上蔓延扩展。穗苞叶染病也产生同样的云纹状斑。果穗染病后秃顶，籽粒细扁或变褐腐烂。严重时根茎基部组织变为灰白色，次生根黄褐色或腐烂。多雨、高湿持续时间长时，病部长出稠密的白色菌丝体，菌丝进一步聚集成多个菌丝团，形成小菌核。菌核初为白色，老熟后呈褐色。当环境条件适宜，病斑迅速扩大发展，叶片萎蔫，植株似开水烫过一样呈暗绿色腐烂状而枯死。

除为害玉米外，还可以侵害水稻、小麦、大麦、高粱等多种禾本科作物以及棉花、大豆等双子叶植物。

图 2-10 玉米纹枯病受害症状

侵染循环与发生规律

　　病原菌以菌丝和菌核在病残体或在土壤中越冬，通过风雨、农事操作等传播到寄主叶鞘表面而发病，病斑上长出的菌丝、孢子和菌核为再次侵染源。温度 26~32℃、田间空气相对湿度 90% 以上时利于病害流行。玉米连茬种植、播种过密、施氮过多、湿度大、连续阴雨天气易发病。玉米纹枯病的发生与流行除了与天气有关外，与玉米的品种以及病原菌菌丝和菌核在病株及土壤中的数量有直接关系。从幼苗到成株期均能被该病为害，一般由菌核萌发产生菌丝，或以病株上存活的菌丝接触寄主茎基部表面而引起发病。发病后菌丝又从病斑处伸出，很快向上、向左右临株蔓延，形成二次和多次侵染。病株上的菌核落在土壤中，形成第二次侵染源。形成病斑后，病原气生菌丝伸长，向上部叶鞘发展，病原常透过叶鞘而为害茎秆，形成下陷的黑色斑块。湿度大时，病斑上亦可长出担孢子，担孢子借风力传播造成再次侵染，也可以侵害与病部接触的其他植株。

防治原理与方法

针对玉米南繁育种种植区的特殊性，鉴于玉米纹枯病多为寄主的土传病害，因此对该病的防治应该采取以清除病源、栽培耕作防治为基础，重点使用化学药剂防治的综合防治技术。

1.农业防治

（1）清除病源。清除病株并进行翻耕，铲除田间杂草，及时深翻消除病残体及菌核。发病初期摘除病叶，及时剥去基部感病叶鞘和叶片，并用药剂涂抹叶鞘等发病部位。

（2）实行轮作，合理密植，注意开沟排水，降低田间湿度，改善田间通风透光条件等，以减轻病害。

2.药剂防治

（1）用浸种灵按种子重量0.02%拌种后堆闷24~48小时；或者使用0.3%的咯菌腈·甲霜灵进行拌种。

（2）发病初期喷洒1%井冈霉素400~500倍液、50%甲基硫菌灵可湿性粉剂500倍液、50%多菌灵可湿性粉剂600倍液、50%苯菌灵可湿性粉剂1 500倍液或50%福美甲胂可湿性粉剂800~1 000倍液；也可用40%菌核净可湿性粉剂1 000倍液、50%乙烯菌核利或50%腐霉利可湿性粉剂1 000~2 000倍液。喷药重点为玉米基部，保护叶鞘。

玉米细菌性茎腐病

田间症状

玉米茎基腐病（bacterial stalk rot）又称烂腰病或茎腐病，是世界性的玉米病害，在海南省南繁种植区偶尔严重发生。该病主要为害中部茎秆和叶鞘，呈水渍状软腐或溃烂。发病初期，发病部位出现水渍状腐烂，病组织开始软化，散发出臭味，病斑多数不规则，边缘浅红褐色，病健组织交界处水渍状尤为明显。湿度大时，病斑向上下扩展迅速，病部凹陷腐烂，严重时植株常在发病后 3~4 天倒折，溢出黄褐色臭菌液。干燥条件下扩展缓慢，但病部也容易折断，导致不能抽穗或结实，有时也可为害茎基部（图 2-11）。

图 2-11　玉米细菌性茎腐病受害症状

病原及特征

细菌性枯萎病多为软腐欧文氏菌玉米专化型（*Erwinia chrysanthemi* pv. zeae）、玉米假单胞杆菌（*Pseudomonas zeae* Hsia et Fang）引起，均属细菌，均能单独引起玉米细菌性枯萎病。致病力强的是欧文氏菌，菌体杆状，两端钝圆，革兰氏染色阴性，周生鞭毛 6~8 根，无芽孢，无荚膜；菌落圆形，乳白色，稍透明，低度突起，生长适温 32~36℃。假单胞杆菌病原体杆状，椭圆形，无荚膜，无鞭毛，无芽孢，革兰氏染色阴性；菌落圆形，乳白色，稍透明，生长适温 32~36℃。

侵染循环与发生规律

病菌可以在土壤中或病残体上越冬，翌年从植株的气孔、叶鞘间隙或伤口侵入。害虫为害造成的伤口利于病菌侵入，而且害虫迁飞携带病菌同时起到传播和接种的作用，如玉米螟、棉铃虫等虫口数量大则发病重。

高温高湿利于该病发生，当田间小气候昼夜平均温度达 30℃ 左右，相对湿度高于70% 即可发病；均温 34℃，相对湿度 80% 病斑扩展迅速。地势低洼或排水不良的田块，种植密度过大，通风不良，或者施用氮肥过多，伤口多则发病重。高畦栽培，排水良好及氮、磷、钾肥比例适当地块植株健壮，发病率相对低。

防治原理与方法

1. 农业防治

（1）实行轮作，尽可能避免连作。

（2）田间发现病株后，需及时拔除，并携出田外沤肥或集中烧毁；在收获后及时清洁田园，将病残株妥善处理，减少菌源。

（3）加强田间管理，采用高畦栽培，严禁大水漫灌，雨后及时排水，防止湿气滞留。

2. 药剂防治

（1）种子播种前消毒：先在 60~70℃ 下干燥处理 1 小时。药剂浸种可用 90% 新植霉素可湿性粉剂 1 000 倍液或者 4% 抗霉菌素水剂 600 倍液，浸种 1~2 小时，并需在 50℃ 左右温度下保温，基本能消灭种子内部潜藏的细菌。

（2）及时治虫防病。苗期开始注意防治玉米螟、棉铃虫等害虫，及时喷洒 50% 辛硫磷乳油 1 500 倍液等。

（3）发病后及时喷洒 5% 菌毒清水剂 600 倍液或农用硫酸链霉素 4 000 倍液，防效较好。

（4）在玉米喇叭口期喷洒 25% 叶枯灵、72% 农用硫酸链霉素可湿性粉剂 4 000 倍液、58% 甲霜灵·锰锌可湿性粉剂 600 倍液或 20% 叶枯净可湿性粉剂 +60% 瑞毒铜（或瑞毒铝铜）有预防效果。

玉米茎基腐病

玉米茎基腐病（maize stalk rot）又名玉米青枯病、萎蔫病、茎腐病，是由多种病原菌单独或者复合侵染所引起的根系和茎基腐烂的一类病害总称，是世界玉米产区普遍发生的一种重要病害。

田间症状

一般在玉米灌浆期开始发病，乳熟末期至蜡熟期为显症高峰。从开始见青枯病叶到全株枯萎，一般需 5~7 天，发病快的仅需 1~3 天，长的可持续 15 天以上。

我国茎基腐病主要是由腐霉菌和镰刀菌引起，分为青枯和黄枯两种类型，田间表现何种症状类型是品种、温湿度、降雨、病原菌相互作用的结果。青枯型也称急性型，发病后叶片自下而上迅速失水干枯，呈青灰色，似开水烫状或霜打状，茎基变褐变软，发病部位水渍状或红褐色腐烂，果穗下垂，该类型主要发生在感病品种上和条件适合时。黄枯型也称慢性型，植株发病后叶片自下而上逐渐黄枯，茎基部变软，内部组织腐烂，维管束丝状游离，褐腐或者红腐，该症状类型主要发生在抗病品种上或环境条件不适合时。研究表明，在整个生育期中病菌可持续侵染植株根系，致使根腐烂变短，须根和根毛减少，根表皮松脱，髓部变为空腔，使地上部供水不足，出现青枯或黄枯症状。茎基腐病发生后期，果穗苞叶青干，呈松散状，果穗下垂，穗柄柔韧，不易掰离，穗轴柔软，籽粒灌浆不满而显干瘦，粒重下降，脱粒困难（图 2-12）。

图 2-12 玉米茎基腐病受害症状

病原及特征

引起茎基腐病的病原菌有 20 余种，不同地区间病原菌种类有较大差异，主要有镰刀菌和腐霉菌。镰刀菌属于半知菌亚门，丝孢纲，瘤座孢目，瘤座孢科，镰刀菌属，引起茎腐病的主要种类有禾谷镰刀菌、串珠镰刀菌、腐皮镰刀菌等；腐霉菌属于鞭毛菌亚门，卵菌纲，霜霉目，腐霉科，腐霉属，引起茎腐病的主要种类有瓜果腐霉、肿囊腐霉、禾生腐霉、寡雄腐霉、强雄腐霉、刺腐霉等。

侵染循环与发生规律

病菌以分生孢子和菌丝体在病残体组织内外、土壤或种子中存活越冬，成为翌年主要侵染源。病原菌在玉米生长各阶段均能从根部侵入，引起根腐，然后进一步扩展进入茎基部。病害在田间可借风雨、灌溉水、机械和昆虫进行传播，发生多次再侵染。连作年限越长，土壤中积累病原菌越多，发病重。而生茬地病原菌量少，相对发病轻。

玉米茎腐病多发生在气候潮湿的条件下，降雨多，雨量大，玉米茎腐病发生就严重，因为此时降雨造成了病原菌孢子萌发及侵入的条件，玉米抗性弱的乳熟阶段植株大量发病。玉米幼苗及生长前期很少发生茎枯病，这是由于植株在这一生长阶段对病菌有较强抗性，但到灌浆、乳熟期植株抗性下降，遇到适合的发病条件，就大量发病。连作的玉米地发病重，这是由于在连作的条件下，土壤中积累了大量病原菌，易使植株受侵染。

茎基腐病是由多种病原菌单独或复合侵染造成根系和茎基腐烂的一类病害，主要由镰刀菌和腐霉菌侵染引起，在玉米植株上表现的症状就有所不同。其中镰刀菌生长的最适温度为 25~26℃，腐霉菌生长的最适温度为 23~25℃，在土壤中腐霉菌生长要求湿度条件较镰刀菌高。因此，不同生态区病原菌分离频率不同，同一生态区内病原菌分离频率在年度间、区域间存在明显差异。干旱地区以镰刀菌型茎基腐为主，而在多雨地区往往以腐霉菌型茎基腐为主。

一般平地发病较轻，岗地和洼地发病重。土壤肥沃，有机质丰富，排灌条件良好，玉米生长健壮的发病轻，而沙质土壤瘠薄，排水条件差，玉米生长弱而发病重。究其原因，一般认为玉米散粉期至乳熟初期遇大雨，雨后暴晴，气温回升快，青枯症状出现较多。土壤湿度是影响病原菌致病的主要因子。一般株型平展的比紧凑的发病重，植株高大的比矮小的发病重。

防治原理与方法

1. 农业防治

（1）合理轮作。重病地块与棉花、大豆、红薯、花生等作物轮作，减少重茬。

（2）及时中耕及摘除下部叶片，使土壤湿度降低，通风透光好。合理密植，不宜高度密植，以造成植株郁蔽。

（3）及时消除田间内外病残体，并集中烧毁。收获后深翻土壤，也可减少和控制侵染源。

（4）增施肥料。施足基肥的基础上，在玉米拔节期或孕穗期增施钾肥或氮磷钾配合施用，防病效果好。严重缺钾地块，追硫酸钾 7~10kg / 亩，可显著减轻发病和明显提高产量。

（5）合理灌溉，加强栽培管理，注意雨季排除积水，分期培土，及时中耕松土，避免各种损伤。

2. 药剂防治

（1）种子处理。 播种前选用三唑酮或戊唑醇等成分的杀菌剂拌种，常使用以下的种衣剂进行种子包衣：咯菌腈、福克悬浮种衣剂、咯菌腈甲霜悬浮剂等，因为种衣剂中含有杀菌成分及微量元素，一般用量为种子质量的 1/50~1/40。

（2）防治地下害虫减少伤口。

（3）玉米发病时期，特别是玉米抽雄期至成熟期是防治该病的关键时期，可用 25% 叶枯灵 +25% 瑞毒霉粉剂 600 倍液、70% 甲基硫菌灵可湿性粉剂 800 倍液 +65% 代森锌可湿性粉剂 600 倍液或 58% 瑞毒锰锌粉剂 600 倍液喇叭口期喷雾预防。

玉米苗枯病

玉米苗枯病（maize seedling blight）是一种重要的苗期病害，由镰刀菌、丝核菌、腐霉菌、蠕孢菌等多种病原菌单独或者混合侵染引起，是苗期玉米根部或近地茎组织腐烂的总称。

田间症状

玉米苗枯病从种子萌芽到3~5叶期的幼苗多发，病原菌在种子萌动期即可侵入，导致种子根和根尖处变褐腐烂，后扩展导致根系发育不良或根毛减少，次生根少或无，根系变黑褐色，并在茎的第一节间形成坏死斑，引起茎基部水浸状腐烂，可使茎基部节间整齐断裂，叶鞘也变褐并撕裂，叶片变黄，叶缘枯焦，心叶卷曲易折。枯死苗近地面处产生白色或粉红色霉状物。有少数次生根的成为弱苗，底部叶片的叶尖发黄，并逐渐向叶片中下部发展，最后全叶变褐枯死。病苗发育迟缓，生长衰弱（图2-13）。

图2-13　玉米苗枯病受害症状

病原及特征

玉米苗枯病的病原菌主要是镰刀菌（*Fusarium* spp.）、玉米丝核菌（*Rhizoctonia* spp.）、腐霉菌（*Pythium* spp.）等病原菌。

侵染循环与发生规律

玉米苗枯病病原菌主要随病残体或直接在土壤中越冬，成为第二年初侵染菌源，玉米种子也可带菌传病。持续低温多雨是苗枯病发生和流行的主要气候条件，且病苗率与种子带菌率呈正相关，种子带菌率高的，发病严重。连作地、低洼地、贫瘠地、黏土地、盐碱地发病重，播种过深也易发病。土壤积水的田块，苗期会形成芽涝现象，幼苗不能正常生长发育，使根系发育不良引发苗枯病。

防治原理与方法

采用种植抗病品种、种子药剂处理和改进栽培管理等综合措施。

1. 农业防治

（1）选用优质、抗病品种，且选用粒大、饱满、发芽势强的玉米种子。

（2）合理施肥，加强管理。施足基肥，且苗期到拔节期追肥，尤其注意补充磷、钾肥，以培育壮苗。

2. 药剂防治

（1）播种前先将种子用药剂浸种，用50%多菌灵、70%甲基硫菌灵500倍药液或40%克霉灵600倍药液浸40分钟，晾干后播种；或者用含有有效杀菌剂成分的种衣剂进行种子包衣，使用方便且有效，如用2.5%咯菌腈悬浮种衣剂10g或者25%戊唑醇2g，拌种5kg，此方法可同时预防玉米丝黑穗病。

（2）在苗枯病发病初期及时用药。可用70%甲基硫菌灵800倍液、20%三唑酮1 000倍液、50%多菌灵可湿性粉剂600倍液或恶霉灵3 000倍液，连喷2~3次，每次用药间隔7天左右；喷药的同时可加入农喜十乐素、壮汉、蓝色晶典、六高二氢钾等高效营养调节剂，以促苗早发，增强植株抗病力，可有效防治和控制苗枯病。

玉米顶腐病

玉米顶腐病（maize top rot）是玉米顶端腐烂病的总称，主要分为镰孢菌顶腐病和细菌顶腐病。

田间症状

玉米从苗期到成株期都可发生顶腐病，成株期病株多矮小，但也有矮化不明显的，其他症状更呈多样化。典型发病严重植株表现症状：苗期生长缓慢，叶缘和顶部褪绿出现黄色条斑，严重时叶片、叶鞘变黄干枯，病苗枯萎死亡。成株期病株多矮小，顶部叶片短小，边缘变黄，皱褶扭曲，偏向一边；有的叶片基部或叶缘腐烂处出现缺刻或大部脱落，残缺不齐；有的病株上部叶片紧裹不展开，卷曲成牛尾状或鞭状直立；有的顶端叶尖端腐烂或全叶枯死。叶鞘和茎秆上有腐烂病斑，腐烂部分有害虫蛀道状裂口，剖面可见内部黑褐色腐烂，严重的成为空腔。病株根系不发达，主根短小，根毛细而多，呈绒毛状根冠变褐腐烂，高湿时，病部出现粉白色霉状物。发病轻心叶有黄条，茎基内部变褐、变黑，生长缓慢。病株不能结实，或虽能结实，但果穗小。籽粒不饱满，产量降低（图2-14）。

病原及特征

玉米镰孢菌顶腐病是由串珠镰孢亚黏团变种（*Fusarium moniliforme* var. *subglutinans* Wr. Reink）引起的。在PDA或PSA培养基上，25℃下培养6天，菌落粉白色至淡紫色。大型分生孢子镰刀形，较直、顶胞渐尖。病原菌菌丝生长温度为5~50℃，适宜温度25~30℃。小型分生孢子较小，长卵圆形或拟纺锤形、无隔，孢子不串生，聚集成假头状的孢子团。大、小型分生孢子萌发温度为10~35℃，适宜温度为25~30℃。玉米细菌性顶腐病病原不清。

侵染循环与发生规律

病原菌在土壤、病残体和带菌种子中越冬，成为下一季玉米发病的初侵染菌源。种子带菌还可远距离传播，使发病区域不断扩大。

顶腐病具有某些系统侵染的特征，病株产生的病原菌分生孢子可以随风雨传播，进而再侵染。初侵染时主要从植株的伤口或幼嫩组织的茎节、心叶的气孔、水孔侵入。不同田

图 2-14　玉米顶腐病受害症状

块间发病程度差异明显，高温多雨有利于顶腐病流行，低洼积水、土壤黏重、杂草丛生、管理粗放的地块发病较重，山坡地和高岗地发病较轻。一旦条件适合，可引起该病的暴发流行，严重影响玉米产量。

玉米喇叭口期遇到持续高温、高湿易发生顶腐病。由于高温和强光照，造成玉米喇叭口内夜间形成的吐水温度升高，伤害叶片的幼嫩组织，形成细菌入侵的伤口；玉米周期性的吐水和高温气候，加速细菌大量繁殖，有利于细菌性病害的发生，数天内就能够使叶片的幼嫩组织大量腐烂。

其次由于蓟马、蚜虫等害虫为害造成的伤口，有利于病菌的侵染，从而导致病害的严重发生。

防治原理与方法

1. 农业防治

（1）及时中耕排湿提温，防止田间积水，提高幼苗质量，增强抗病能力。

（2）对于发病较重，玉米心叶已经扭曲腐烂的病株，可采取人工方法，用剪刀剪去包裹雄穗以上的叶片，以利于雄穗的正常吐穗，并把剪下的病叶带出田外深埋处理。

（3）及时追肥。玉米生育进程进入大喇叭口期，要迅速对玉米进行追施氮肥，尤其对发病较重地块更要做好及早追肥工作。还可做好叶面喷施微肥和生长调节剂，促苗早发，补充养分，提高抗逆能力。

2. 药剂防治

（1）使用种子包衣技术。种子包衣对玉米顶腐病有较好的预防作用。用种子质量0.4%的药剂拌种，常用药有75%百菌清可湿性粉剂、50%多菌灵可湿性粉剂、80%代森锰锌可湿性粉剂或15%的三唑酮、戊唑醇等。

（2）科学合理使用药剂。对发病地块可用广谱杀菌剂进行防治，如可用50%多菌灵可湿性粉剂500倍液，或70%甲基硫菌灵＋蓝色晶典多元微肥型营养调节剂600倍液（或壮汉液肥500倍液）均匀喷雾。发病初期，首选58%甲霜灵·锰锌300倍液+50%多菌灵500倍液、病除康2号1 500倍液或病除康3号3 000倍液等杀菌剂混合用药，喷施2~3次，每次用药间隔5~7天。

为同时除治玉米螟、棉铃虫等害虫和促进玉米增产，可混合25%一扫光1 500倍液或丁硫威800倍液等持效期较长的杀虫剂一同喷施。

（3）对严重发病难以挽救的地块，要及时做好毁种。对发病地块，可选用58%甲霜灵锰锌300倍液、50%扑克拉锰3 000倍液、安贝科一支灵1 500倍液、80%亿为克2 000倍液，还可选用50%多菌灵500倍液，或用75%百菌清500倍液+0.2%的蓝色晶典多元微肥（或500倍液的农喜十乐素等高效营养调节剂），以促进植株生长发育，恢复生长和增加产量。另外，对玉米心叶已扭曲腐烂的较重病株，可用剪刀剪去包裹雄穗以上的叶片，以利于雄穗的正常吐穗，并将剪下的病叶带出田外深埋处理。

玉米穗腐病

玉米穗腐病（maize ear and kernel rots）也称为玉米穗粒腐病，是由多种病原真菌侵染而引起的穗部病害的统称。

田间症状

穗腐病病原菌直接侵染果穗，在收获和储藏期间引起玉米籽粒霉烂，严重降低了实用价值，发病种子萌发率降低，同时还因为种子带菌，从而诱发严重的苗枯病，因此不能种用。

玉米穗腐病果穗及籽粒均可受害，被害果穗局部或者全部变色，并出现粉红色、黑灰色、暗褐色或蓝绿色、黄褐色霉层，即病原菌的菌丝体、分生孢子梗及分生孢子。籽粒无光泽，不饱满，甚至霉烂，常为交织的菌丝所充塞。果穗病部苞叶常被密集的菌丝贯穿，黏结在一起，贴于果穗上不易剥离，仓储玉米受害后，粮堆内外则长出疏密不等、颜色各异的菌丝和分生孢子，并散出发霉的气味（图 2-15）。

病原及特征

引起玉米穗腐病的病原真菌有 30 多种，主要有禾谷镰刀菌（*Fusarium graminearum*）、串珠镰刀菌（*Fusarium verticillioides*）、层出镰刀菌（*Fusarium proliferatum*）、青霉菌（*Penicillium* spp.）、曲霉菌（*Aspergilllus* spp.）、枝孢菌（*Cladosporium* spp.）、单端孢菌（*Trichothecium* spp.）、绿色木霉菌、根霉菌、蠕孢菌、丝核菌、细菌等。曲霉菌中的黄曲霉菌（*Aspergillus* flavus）不仅为害玉米等多种粮食，还产生有毒代谢产物黄曲霉素，引起人和家畜、家禽中毒。串珠镰刀菌和层出镰刀菌产生的伏马菌素对人的健康有害。

侵染循环与发生规律

病原菌以菌丝体和分生孢子等在种子、病残体或者土壤中越冬，为初侵染病原。病原主要从伤口侵入，分生孢子借风雨传播，也可以通过害虫蛀食传播。温度在 15~28℃，田间空气相对湿度在 75% 以上，有利于病原的侵染和流行。高温多雨以及玉米虫害发生偏重的年份，穗腐和粒腐病也较重发生。

生长期：病原菌的传播方式因病原菌不同而不同。曲霉菌可由昆虫传播。镰刀菌可通

图 2-15　玉米穗腐病受害症状

过系统侵染由根侵染后传到玉米的穗部。

　　收获储藏：玉米成熟以后在地里长时间不收获会增加粒腐病的发生。秋后成熟期多雨会导致玉米的颗粒染病。玉米粒没有晒干，入库时含水量偏高，以及贮藏期仓库密封不严，库内温度升高，也利于各种霉菌滋生蔓延，引起玉米粒腐烂或发霉。

穗腐病的发生与气候关系密切，也与品种的抗性有关。如果田间玉米果穗被害虫咬食，穗腐病就会更重。为减轻霉菌毒素对人畜的为害，在玉米收获时，尽量捡除严重发霉的穗子，或在脱粒时注意去除霉粒。

防治原理与方法

由于穗腐病发生在后期，因此控制方法主要是选种抗性强、果穗苞叶包裹紧的品种。同时要合理密植和施肥、及时收获和晾晒、控制玉米螟等害虫对穗部的为害，以减轻穗腐病的发生。

1. 农业防治

（1）清除病源。清除田间病源是防治该病的重要措施，玉米收获时将田间的玉米秆集中烧掉或结合深耕翻入土中彻底腐烂，不为病菌提供滋生场所。

（2）合理密植，健康栽培，适时收获。通过合理密植降低田间湿度是防病的重要措施，一般紧凑型品种每亩（1亩≈667平方米。全书同）密度应在4 000~4 500株为宜，中间型和平展型品种在4 000株以下为宜。玉米成熟后及时采收，及时剥去苞叶，充分晒干后入仓储存。

（3）合理施肥。采取测土配方施肥，做到氮、磷、钾及微量元素的合理搭配。

2. 药剂防治

（1）在籽粒形成初期，加强穗期虫害防治（主要包括玉米螟、黏虫、桃蛀螟、象甲、蟥类、金龟子和棉铃虫等），减少穗部伤口，避免病菌侵染。

（2）发病初期，可往穗部喷洒5%井冈霉素水剂1 000倍液、50%多菌灵悬浮剂700~800倍液、65%代森锰锌可湿性粉剂500倍液、70%甲基硫菌灵可湿性粉剂800倍液或50%苯菌灵可湿性粉剂1 500倍液喷施，视病情防治1~2次。抽穗期用50%多菌灵可湿性粉剂、25%的苯菌灵乳油800倍液或50%甲基硫菌灵可湿性粉剂1 000倍液喷雾，重点喷果穗及下部茎叶，每隔7天喷1次。

玉米粗缩病

玉米粗缩病（maize rough dwarf disease）是由玉米粗缩病毒（MRDV）引起的一种玉米病毒病。玉米粗缩病主要是我国北方玉米生产区流行的重要病害，在海南省南繁种植区也有零星发生。

田间症状

玉米整个生育期都可感染发病，以苗期受害最重，幼苗5~6片叶即可显症，开始在心叶基部及中脉两侧产生透明的褪绿虚线条点，或续或断，逐渐扩及整个叶片。病苗浓绿，叶片僵直，宽短而厚，心叶不能正常展开，病株生长迟缓、矮化叶片背部叶脉上产生蜡白色隆起条纹，用手触摸有明显的粗糙感，顶叶簇生。一般在9~10叶期，病株矮化现象更为明显，上部节间短缩粗肿，顶部叶片簇生，仅为健株的1/3~1/2，甚至病株高度不到健株一半，多数不能抽穗结实，个别雄穗虽能抽出，但分枝极少，没有花粉，重病株多数提早枯死或者无收。

病原及特征

我国学者长期认为病原物是玉米粗缩病的病毒 [Maize rough dwarf virus（MRDV）]，属呼肠孤病毒科，斐济病毒属。

在欧洲、中东地区及北美洲引起玉米粗缩病的病毒为MRDV。Harpaze首先分离出了MRDV，病毒粒体球状，直径65~70nm，具有典型的呼肠孤病毒特征，双衣壳包裹一个直径为40~50nm的高密度内核，内壳厚约3nm，外壳厚约10nm。钝化温度为80℃，20℃可存活37天。病毒借昆虫传播，主要传毒昆虫为灰飞虱，获毒效率最高的是二三龄若虫，一般1~2天就可以充分获毒，病毒在飞虱体内繁殖并能终身带毒，连续传毒，属持久性传毒。病害潜育期15~20天。该病毒只侵染单子叶植物，如水稻、玉米、小麦、大麦、燕麦、谷子、高粱、稗草、狗牙根、白茅等，病状类似（图2-16）。

侵染循环与发生规律

苗期受害最为严重，发病越早，病情越重，9叶期后发病症状显著减轻，发病叶龄与玉米粗缩病的严重度密切相关。MRDV通过灰飞虱和白背飞虱传播，但白背飞虱传毒效

图 2-16　玉米粗缩病受害症状

率低，而灰飞虱传毒效率高。灰飞虱主要在麦类作物及禾本科杂草上越冬，当气温适合灰飞虱活动时，田间灰飞虱种群急剧增加，带毒灰飞虱迁移到附近玉米田传毒为害，此时玉米正处于苗期，易感染病毒，致使此间播种的玉米粗缩病发病率最高。玉米作为 MRDV 的良好寄主，却不是 MRDV 介体灰飞虱的良好宿主，加上南繁种植区管理规范，对灰飞虱严格控制，因此海南省南繁区玉米地的粗缩病呈零星发生。

　　毒源、玉米品种抗病性、玉米栽培模式是玉米粗缩病发生的 3 个重要因素。一是毒源量：多年生禾本科作物及杂草是玉米粗缩病毒的寄主植物，因此管理粗放、杂草多的玉米田比管理精细、杂草少的发病重。二是玉米品种抗病性：目前种植的大部分品种对病毒病中感或高感，抗病品种很少，高抗品种更少。三是玉米栽培模式：玉米不同生育期感病程度差异较大，感病越早，病情越重。

防治原理与方法

　　在玉米粗缩病的防治上，要坚持以农业防治为主、药剂防治为辅的综合防治方针，其核心是控制毒源、减少虫源、避开为害。

　　玉米粗缩病病毒主要在小麦、禾本科杂草和灰飞虱体内越冬。因此，要做好玉米粗缩病防治，清除田边、地边和沟渠杂草为害，同时要减少灰飞虱虫口基数。

　　1. 农业防治

　　（1）加强监测和预报。在病害常发地区有重点地定点、定期调查田间杂草和玉米的粗缩病病株率和严重度，同时调查灰飞虱发生密度和带毒率。在秋末和晚春及玉米播种前，根据灰飞虱越冬基数和带毒率、小麦和杂草的病株率，结合玉米种植模式，对玉米粗缩病发生趋势做出及时准确的预测预报，指导防治。

（2）清除杂草。路边、田间杂草不仅是来年农田杂草的种源基地，而且是玉米粗缩病传毒介体灰飞虱的越冬越夏寄主。对麦田残存的杂草，可先人工锄草后再喷药，除草效果可达95%左右。选择土壤处理的优点是苗期玉米不与杂草共生，降低灰飞虱的活动空间，不利于灰飞虱的传毒。

（3）加强田间管理。结合定苗，拔除田间病株，集中深埋或烧毁，减少粗缩病侵染源。合理施肥、浇水，加强田间管理，促进玉米生长，缩短感病期，减少传毒机会，并增强玉米抗耐病能力。

2. 药剂防治

（1）药剂拌种。用内吸杀虫剂对玉米种子进行包衣和拌种，可以有效防治苗期灰飞虱，减轻粗缩病的传播。播种时，采用种子质量2%的种衣剂（如60%吡虫啉、70%噻虫嗪）拌种，可有效地防治灰飞虱的为害，有利于培养壮苗，提高玉米抗病力。

（2）喷药杀虫。玉米苗期出现粗缩病的地块，要及时拔除病株，并根据灰飞虱虫情预测情况及时选用25%噻嗪酮1 500倍液、10%的吡虫啉1 500倍液或5%高渗吡虫啉可湿性粉剂1 500~2 000倍液，在玉米5叶期左右，每隔5天喷1次，连喷2~3次，同时用40%病毒A 500倍液或5.5%植病灵800倍液喷洒防治病毒病。对于个别苗前应用土壤处理除草剂效果差的地块，可在玉米行间定行喷灭生性除草剂，如45%农达水剂，注意不要喷到玉米植株上。

玉米矮花叶病

玉米矮花叶病（maize dwarf mosaic virus disease）又称条纹花叶病、黄绿条纹病。

田间症状

玉米整个生育期均可发病，叶片、茎部、穗轴、雄花序、苞叶及顶端小叶均可受害，产生淡黄色条纹或褐色坏死斑。苗期受害重，抽雄前为感病阶段。该病发病初期先在幼嫩心叶基部沿叶脉向上形成许多椭圆形小点或者虚线状退绿斑纹，以后断续表现不规则、长短不一的浅绿或暗绿色的斑块或条点，逐渐形成斑驳花叶，并可发展成沿叶脉呈条带分布，形成明显的黄绿相间的条纹症状。病株一般黄弱矮小，生长缓慢，但矮化程度不一，染病越早矮化越明显，有的株高甚至不到健株的一半。受害植株的雄穗往往不发达，分枝减少，甚至退化，果穗变小，有秃尖现象，甚至有的出现空棒不结实。生育后期感病时，病植株矮化轻或不矮化（图2-17）。

图2-17　玉米矮花叶病受害症状

病原及特征

玉米矮花叶病由玉米矮花叶病毒（maize dwarf mosaic virus，MDMY）侵染所致。MDMY属马铃薯Y病毒科，马铃薯Y病毒属，该病毒粒子呈曲折的长棒状。

侵染循环与发生规律

在南方，玉米矮花叶病毒的越冬寄主为禾本科杂草和作物。越冬蚜虫复苏或越冬卵孵化为若虫后，在新长出的带毒杂草嫩叶上取食而获毒。有翅蚜迁飞将病毒传播到玉米及附近杂草上，以后在春、夏玉米上辗转为害，造成病害流行。夏玉米收获后，蚜虫又回到杂草上产卵或以若虫越冬。玉米矮花叶病的发生流行与气候条件、播期、品种、土壤等因素有关。

自然条件下，由蚜虫传染，潜育期 5~7 天，温度高时，3 天即可显症。主要传毒蚜虫有：玉米蚜，麦二叉蚜、麦长管蚜、缢管蚜、棉蚜、桃蚜、粟蚜、苜蓿蚜等，以麦二叉蚜和缢管蚜占优势。蚜虫 1 次取食获毒后，可持续传毒 4~5 天。该病毒寄主范围广，除玉米外，还可侵染高粱、谷子、稷、雀麦、糜子、苏丹草及其他禾本科杂草，如狗尾草、牛鞭草、稗草、马唐、画眉草等。

防治原理与方法

1. 农业防治

（1）播种后采用地膜覆盖，不仅可使玉米早出苗，避开蚜虫迁飞传毒的高峰期，而且还有驱蚜作用。此外，地膜的增温保墒作用还会使玉米生育期提前，延缓病株率的增长。

（2）施足底肥、合理追肥、中耕除草、及早拔除病株、适时浇水等多项栽培措施可促进玉米健壮生长，增强植株的抗病力，减轻病害的发生。

2. 药剂防治

宜选用 7.5% 克毒灵、病毒 A、83 增抗剂等抗病毒剂，并抓紧在发病初期施药，每隔 7 天喷 1 次。喷药时，最好在药液中加入叶面肥，以促进叶片的光合作用，增加植株叶绿素含量，使病株迅速复绿。

在传毒蚜虫迁入玉米田的始期和盛期，可选用 50% 抗蚜威可湿性粉剂 2 500 倍液、10% 吡虫啉可湿性粉剂 2 000 倍液、3% 啶虫脒 +10% 混合脂肪酸水剂（菌毒克、扫病康、83 增抗剂、抑菌灵）100 倍液、2% 氨基寡糖素水剂或 3.85% 病毒毖克，也可加入 0.3%~0.5% 的磷酸二氢钾，从蚜虫始发期开始，间隔 5~7 天喷 1 次，连续喷施 2~3 次，可有效消灭蚜虫，抑制病毒，增强抗性，恢复植株生长，保护健株。

玉米条纹矮缩病

玉米条纹矮缩病（corn streak dwarf disease）简称玉米条矮病，是由玉米条纹矮缩病毒侵染引起的病害。

田间症状

发病株节间缩短，植株矮缩，且沿叶脉产生褪绿条纹，随后条纹上产生坏死褐斑。叶片、茎部、穗轴、雄花序、苞叶及顶端小叶均可受害，产生淡黄色条纹或褐色坏死斑。病株叶片的背面、叶鞘及苞叶的叶脉上具有粗细不一的蜡白色条状突起，用手触摸有明显的粗糙不平感；叶片宽短、厚硬僵直、叶色浓绿、短小，顶部叶片簇生；节间明显缩短粗肿，病株矮化。植株早期受害，生长停滞，提早枯死；中期染病，植株矮化，顶叶丛生，雄花不易抽出，植株多向一侧倾斜；后期染病，矮缩不明显（图 2-18）。

病原及特征

该病原为玉米条纹矮缩病毒 [*maize streak dwarf* virus（MSDV）]，病毒炮弹状，大小（200~250）nm×（70~80）nm，每粒病毒有横纹约 50 条，纹间距约 4nm。

侵染循环与发生规律

玉米条纹矮缩病毒由灰飞虱永久性传毒侵染，带毒的灰飞虱寄生于玉米，不断吸取健株汁液而传毒，最短获毒时间为 8 小时，体内循回期最短 5 天，病毒不经卵传播，但该病

图 2-18　玉米条纹矮缩病受害症状

发生与灰飞虱若虫的数量呈正相关。该病毒可以侵染多种禾本科植物，以水稻、麦类和玉米为本，在玉米中，感染后 7~10 天，叶背出现白色条状线条。3~4 龄若虫在田埂的杂草和土块下越冬，羽化后成虫有一部分迁飞到刚出苗玉米田为害。玉米收割后又转移到田埂杂草上，潜入根际或土块下越冬。灌溉次数多或多雨，地边杂草繁茂有利于灰飞虱繁殖。氮肥施用太多、生长过嫩、播种过密、株行间郁蔽，多年重茬、肥力不足、耕作粗放的田块易发病。

防治原理与方法

1. 农业防治

（1）种植玉米时最好采用地膜覆盖，播种前，清除田间及四周杂草，集中烧毁；深翻地灭茬，促使病残体分解，减少病源和虫源。

（2）加强田间管理，适时播种；精细整地，增施磷钾肥，提高植株抗病力。

（3）选用排灌方便的田块，开好排水沟，降低地下水位，做到雨停无积水；大雨过后及时清理沟渠，防止湿气滞留，降低田间湿度，这是防病的重要措施。

（4）高温、干旱时应灌水，以提高田间湿度，减轻蚜虫、灰飞虱为害与传毒。

（5）一经发现玉米条纹矮缩病株立马拔除，并加强对灰飞虱的防治。

2. 药剂防治

玉米苗出齐后 3~4 叶期，使用病毒 2 号 300 倍液进行全株均匀喷雾，连喷 2~3 次，每 7 天喷 1 次；或用奥力克 400 倍液进行全株均匀喷雾，连喷 2 次，每 3~5 天喷 1 次。

玉米遗传性条纹病

田间症状

玉米遗传性条纹病（genetic stripe）在田间零星分布，幼苗即可显症，常在植株的下部或一侧、整株的叶片上出现与叶脉平行的褪绿条纹，宽窄不一，黄色、金黄色或白色，边缘清晰光滑，其上无病斑，也无霉层。阳光强烈时或生长后期失绿部分可变枯黄，果穗瘦小（图2-19）。

防治原理与方法

该病害为遗传性病害，一般不需单独防治，补救措施为可在定苗时拔除病苗。

图 2-19　玉米遗传性条纹病受害症状

第三部分

南繁区玉米虫害

亚洲玉米螟

亚洲玉米螟 *Ostrinia furnacalis* （Güenée）属鳞翅目，螟蛾科，国内普遍发生为害，可为害玉米、高粱、黍、棉、向日葵、水稻、麦类、豆类、甘蔗等，在海南玉米种植区均有发生，是玉米上的主要害虫。

为害特点

亚洲玉米螟俗称玉米钻心虫，主要以幼虫蛀食玉米等寄主茎秆、穗轴及果实，也为害叶片。在玉米心叶期，初孵幼虫啃食心叶叶肉，在叶面呈现许多细碎的半透明斑，称之为"花叶"，后将纵卷的心叶蛀穿，心叶抽出展开后，就形成整齐的横排圆孔。4龄后幼虫蛀

图 3-1 玉米螟为害状（左上：叶片受害；右上：蛀茎；左下：蛀食雄穗；右下：蛀食雌穗）

食茎秆、雄穗轴，易造成风折；雌穗膨大抽丝时，幼虫取食花丝、穗轴，大龄幼虫直接咬食乳熟的籽粒，引起玉米籽粒霉烂（图 3-1）。

形态特征

成虫：雄蛾体长 10~14mm，翅展 20~26mm。前翅黄褐色，内横线波状纹，外横线锯齿状纹，暗褐色，两线之间有两个褐色小斑。近外缘有褐色宽带。后翅灰黄色，亦有褐色横线。雌蛾体长 13~15mm，翅展 25~34mm，较肥大。前翅鲜黄色，内、外横线及斑纹不明显，后翅黄白色（图 3-2）。

卵：长约 1mm，短椭圆形，扁平，略有光泽。一般数十粒粘在一起呈不规则鱼鳞状排列。初产时乳白色，后转为黄白色，半透明。临孵化前，卵粒中央呈现黑点（图 3-3）。

图 3-2　玉米螟成虫（左：♀；右：♂）

幼虫：初孵化时体长约 1.5mm，头壳黑色，体乳白色，半透明；老熟幼虫体长 20~30mm，头深棕褐色。体色深浅不一，背中线明显。中、后胸每节有 4 个圆形毛瘤，腹部 1~8 节每节各有 2 列毛瘤，前排 4 个较大，后排 2 个较小。腹足趾钩 3 序缺环状（图 3-4）。

蛹：体长 15~18mm，纺锤形，黄褐色，体背密布小波状横皱纹。臀棘黑褐色，端部有 5~8 根钩刺，并有丝缠连。雄蛹腹部瘦削，尾端较尖；雌蛹腹部较肥大，尾端较钝圆（图 3-5）。

图 3-3　玉米螟临近孵化的卵块

图 3-4 玉米螟幼虫（左图：低龄幼虫；右图：老熟幼虫）

图 3-5 玉米螟蛹（左图：初期蛹；右图：临近羽化的蛹）

生活习性

　　玉米螟在海南 1 年可发生约 7 代。在海南三亚、乐东、凌水、东方等市（县）南繁区域未见有明显的越冬现象。在北方，该虫则以末代老熟幼虫在寄主秸秆、穗轴或根茬中越冬。

　　成虫一般在晚上羽化，昼伏夜出，飞行力强，有趋光性。成虫羽化后当天即可交配，多数雌蛾 1 生只交配 1 次，而雄蛾有多次交配的习性。交配 1~2 天后雌蛾开始产卵，卵多数产在叶片背面的中脉附近。单雌产卵 10~20 块，产卵量为 300~600 粒。雌蛾多选择在 45cm 以上生长茂密、叶色深绿的玉米植株上产卵，以中、下部的叶片最多。

　　幼虫多在上午孵化，孵化后先群集于卵壳附近取食卵壳，约 1 小时后开始分散，爬行到植株幼嫩部位，开始取食为害；有的则吐丝下垂随风飘移到临近植株上，形成转株为害。幼虫多为 5 龄，有趋糖、趋触、趋湿和负趋光性，喜欢潜藏为害，多选择在含糖量高、潮湿阴暗又便于潜藏的处所，如心叶丛、雄穗苞、雌穗苞及叶腋间等处。幼虫老熟后多数在其为害处化蛹。

防治技术

（1）农业防治。秋后至翌年春玉米螟幼虫化蛹前，对寄主秸秆、根茬、穗轴、苞叶等加工处理如秆棵还田、沤制秆棵肥、整地时捡净根茬和残茎等措施以减轻越冬虫源。在玉米抽雄后未散粉前进行隔行去雄，带出田外进行处理。合理布局作物种类和品种，避免插花种植，在螟害重的地区种植抗虫品种；此外，种植蕉藕、早播玉米或谷子，加强水肥管理，使其生长茂密诱蛾产卵，进行集中防治。

（2）生物防治。以蜂治螟：在螟卵初盛期开始释放松毛虫赤眼蜂或玉米螟赤眼蜂，每亩释放 2~5 张蜂卡，分 2 次进行释放，间隔 5~7 天。蜂卡经变温锻炼后，夹在玉米植株下部第五或第六叶的叶腋处；以菌制螟：常用的是 Bt 和白僵菌，在玉米心叶期可用孢子含量 50 亿 ~100 亿 /g 的白僵菌粉，按 1∶10 的比例与过滤煤渣配制成颗粒剂施于心叶内，每株 2g，也可以用 Bt 菌粉 50g/ 亩稀释 2 000 倍液灌心；穗期可用 Bt 200~300 倍液在雌穗花丝上滴灌。

（3）诱杀成虫。可用黑光灯诱杀成虫；也可用诱芯剂量为 20μg 的亚洲玉米螟性诱剂，设置水盆诱捕器，诱杀雄虫。

（4）药剂防治。玉米心叶末期花叶株率达 10% 时，集中防治 1 次，可用 0.5% 辛硫磷颗粒剂在心叶末期的喇叭口内投施，每株 2g；或用 50% 辛硫磷 3 000 倍液、2.5% 溴氰菊酯 5 000 倍液等药液灌心。在抽丝盛期将 5% 辛硫磷颗粒剂撒在玉米的 "4 叶 1 顶"，即雌穗着生节的叶腋及其上 2 叶和下 1 叶的叶腋、雌穗顶的花丝上。也可用上述药液滴在穗顶。

棉铃虫

棉铃虫 *Helicoverpa armigera*（Huibner）属鳞翅目，夜蛾科。棉铃虫是世界性害虫，在全国各地均有发生为害。该虫为多食性的害虫，常见寄主植物有玉米、棉花、小麦、高粱、豆类、茄果类、向日葵等。在海南玉米种植区均有发生，是玉米上的主要害虫。

为害特点

棉铃虫以幼虫取食玉米叶片成孔洞或缺刻，并钻蛀为害玉米茎秆、雌穗苞。低龄幼虫钻蛀嫩叶，能吐丝缚住未张开的嫩叶在其中啃食叶肉，使叶片仅剩叶膜形成透明状；3龄后蚕食玉米叶片，可将叶片食成缺刻或孔洞；或钻蛀茎秆和雌穗苞，为害严重时，造成受害果穗不结实，减产严重（图3-6）。

图3-6　棉铃虫为害状（为害雌穗）

形态特征

成虫：体长14~18mm，翅展30~38mm。雌蛾赤褐色，雄蛾灰绿色。前翅斑纹模糊不清，中横线由肾形斑下斜至翅后缘，末端达环形斑正下方；外横线有一灰带，很斜，末端达肾形斑正下方。后翅灰白色，中央有一新月形黑斑；沿外缘有黑褐色宽带，宽带上有2个灰白色斑（图3-7）。

卵：初产乳白色，1天后卵表面出现褐色环，有时略带红色，孵化前变黑。半球形，

图 3-7 棉铃虫成虫（左：♂；右：♀）

较高，上有许多纵脊和横脊，卵孔不明显。

幼虫：一般 6 龄。1 龄幼虫头壳漆黑色，前胸背板褐红色。老熟幼虫头部黄色，有不规则的黄褐色网状斑纹。体长 30~40mm，体色多变，可分为绿色、淡绿、黄白、红褐等色。体表布满长而尖的灰色与褐色小刺，腹面有黑色小刺。前胸气门前的 1 对刚毛的连线穿过气门或与气门下缘相切（图 3-8）。

图 3-8 棉铃虫幼虫（左：低龄幼虫；右：高龄幼虫）

蛹：长 17~20mm，赤褐色，纺锤形。腹部 5~7 节背面和腹面前缘有 7~8 排半圆形刻点。头端圆滑，尾端较尖，臀棘有 2 根钩刺（图 3-9）。

图 3-9 棉铃虫蛹

生活习性

棉铃虫在海南每年发生 7 代左右，以蛹在寄主根际附近的土中越冬。成虫白天隐蔽静伏，觅食、交尾、产卵等活动多在黄昏和夜间进行。具强趋光性，以波长 365nm 的黑光灯诱引成虫的数量最多。2~3 年生的半枯萎的杨树枝对成虫的诱集力很强，成虫也具有趋向蜜源植物吸食花蜜作为补充营养的习性。成虫羽化后当晚即可交配，2~3 天后开始产卵，卵散产，单雌产卵量 1 000 粒左右。卵多产在寄主叶背面，如在生长旺盛茂密且抽穗早的玉米田比长势差的玉米田产卵量明显增多。

初孵化幼虫先吃掉大部分或全部卵壳后，大多数幼虫移到心叶和叶背栖息，第 2 天开始取食嫩叶及幼嫩的花丝或雄穗。3 龄前幼虫多在植株表面活动为主，3 龄后幼虫多数钻蛀到苞叶内为害玉米穗，其取食量和对玉米穗的为害程度明显比玉米螟大，且防治较难。幼虫有转株为害习性。3 龄以上的幼虫具有自相残杀习性，有时还可取食其他鳞翅目幼虫。幼虫老熟后入土化蛹。

棉铃虫喜中温高湿，其发育与繁殖的最适温度为 25~28℃，相对湿度为 70%~90%。

防治技术

（1）农业防治。秋后深翻冬灌，减少越冬虫源；玉米收获后深耕灭茬，降低成虫羽化率；控制氮肥用量防止玉米徒长，也可降低棉铃虫为害。

（2）诱杀成虫。可利用黑光灯、高压汞灯、杨树枝把和性诱剂诱杀成虫。

（3）生物防治。减少使用农药或改进施药方式，减免杀伤天敌，充分发挥自然天敌对棉铃虫的控制作用（图 3-10）；在棉铃虫产卵盛期释放赤眼蜂或草蛉 2~3 次，间隔 3~5d 一次；在初龄幼虫期喷施含 100 亿活孢子 /mL 以上的 Bt 乳剂 200~300 倍液或棉铃虫核多角体病毒（HaNPV）1 000 倍液。

（4）药剂防治。在 3 龄幼虫期以前，可选用 50% 辛硫磷 1 000 倍液，或用 1.8% 阿维菌素乳油 2 000 倍液，或用 10% 高效氯氰菊酯乳油 6 000 倍液，或用 25% 除虫脲可湿性粉剂 4 000 倍液，或用 5% 氟铃脲乳油 500~1 000 倍液，或用 20% 杀铃脲悬浮剂 2 000 倍液，或用 5% 氟虫脲可分散液剂 1 000 倍液，均匀喷雾。

图 3-10 蜘蛛捕食棉铃虫成虫

大　螟

大螟 *Sesamia inferens* Walker 属鳞翅目，夜蛾科。在我国大部分地区均有发生，以南方各省区发生为害较多。寄主广泛，以禾本科植物为主，可为害玉米、水稻、高粱、甘蔗、小麦、茭白、芦苇及向日葵等。

为害特点

以幼虫为害玉米的心叶、叶鞘、茎秆和雌穗。苗期受害后叶片上出现孔洞或植株出现枯心、断心、烂心，甚至形成死苗。在喇叭口期受害后，可在展开的叶片上见到排孔。幼虫喜取食尚未抽出的嫩雄穗，以及蛀食玉米茎秆和雌穗，造成茎秆折断、烂穗。大螟为害的蛀孔较大，一般有大量虫粪排出茎外（图 3-11）。

图 3-11　大螟为害状

形态特征

成虫：体长 12~15mm，翅展 27~30mm。头胸部淡黄褐色，腹部淡黄色。雄蛾触角栉齿状，雌蛾触角丝状。前翅长方形，浅灰褐色，翅中部从翅基至外缘有明显的暗褐色纵纹，此线上下各有 2 个小黑点，排成四角形。后翅银白色（图 3-12）。

卵：直径 0.5mm。扁球形，顶部稍凹。表面有放射状细隆线。初产时乳白色，后变淡黄、淡红至黑色。卵块带状。

幼虫：老熟幼虫体长 30mm 左右，体

图 3-12　大螟成虫

肥大。头红褐色，胸腹部淡黄色，背面带紫红色。腹足发达，趾钩 12~15 个，呈中带式排列（图 3-13）。

61

图 3-13　大螟老熟幼虫

蛹：体长 13~18mm。初期乳白色，渐变红褐色，近羽化时至赤黑色。头部有白粉。臀棘有 3 根钩刺（图 3-14）。

图 3-14　大螟蛹

生活习性

大螟在海南 1 年发生 7 代左右；多以老熟幼虫在寄主茎秆残体内及根际或土壤中越冬。越冬幼虫有遇淹水逃逸习性。早春气温达 11℃以上，越冬幼虫陆续化蛹，气温达 12℃以上开始羽化。成虫昼伏夜出，对黑光灯趋性较强。成虫多在黄昏羽化。羽化后当晚或次晚交配、产卵，有趋向粗壮高大植株上产卵习性。越冬代成虫多选择 5~7 叶玉米苗的下部叶稍内侧产卵，初孵幼虫先群集叶稍内侧为害，叶片被食成孔洞。2 龄后蛀茎为害或钻蛀生长点形成枯心。以后各代可蛀食果穗、穗轴、全秆和雄穗柄。如早春温度到 10℃以上来得早，则大螟发生早。幼虫共 5~7 龄。老熟幼虫经 2 天左右的预蛹期后，多在寄主茎内和枯叶鞘内蜕皮化蛹。

防治技术

（1）农业防治。在冬季或早春成虫羽化前，处理存留的虫蛀茎秆和田埂杂草，杀灭越冬虫蛹，以控制越冬虫源。

（2）人工灭虫。在玉米苗期，人工摘除田间幼苗上的卵块，拔除枯心苗并销毁，以降低虫口，防止幼虫转株为害。

（3）药剂防治。在大螟卵孵化始盛期初见枯心苗时，选用 18% 的杀虫双水剂或 10% 虫螨腈悬浮剂喷雾防治，重点防治田边植株并把药喷洒到植株茎基部叶鞘部位。

黏 虫

黏虫 [*Mythimna separata*（Walker）] 别名东方黏虫、剃枝虫、行军虫等，属鳞翅目、夜蛾科。该虫在全国各地普遍发生，我国东部的平原低洼地区一般发生重。黏虫是多食性害虫，可取食 100 多种植物，喜食禾本科植物，主要为害玉米、水稻、麦类、高粱、甘蔗等，也是海南玉米、水稻上的重要害虫。

为害特点

幼虫咬食寄主叶片。1~2 龄幼虫取食叶肉形成小孔，3 龄后由叶缘咬食形成缺刻。5~6 龄达暴食期，严重时将叶片吃光，植株被吃成光秆，并咬断嫩穗和嫩茎，造成严重减产，甚至绝收。当一块田被吃光后，幼虫常成群迁到另一块田为害（图 3-15）。

图 3-15 黏虫为害状（左：为害花丝；右：为害籽粒）

形态特征

成虫：体长 16~20mm，淡灰褐色或淡黄色。前翅中央近前缘处有 2 个淡黄色圆斑；外侧圆斑下方有 1 小白点，其两侧各有 1 个小黑点；自顶角至后缘有 1 条黑色斜纹（图 3-16）。

卵：直径约 0.5mm，馒头形，初产时白色，

图 3-16 黏虫成虫

渐变黄色，孵化时黑色，表面具六角形网状细脊纹。卵粒黏结排列成纵行，常产于叶鞘缝内或枯叶卷内。

图 3-17　黏虫幼虫

图 3-18　黏虫蛹

幼虫：共 6 龄，老熟幼虫体长 35~40mm，体色随龄期和虫口密度而变化很大。头部正面有"八"字形黑褐色纹，左右颅侧区有褐色网状纹。体背有 5 条不同颜色的纵线，腹部整个气门孔为黑色，具光泽。腹足趾钩黑色，呈半环形排列（图 3-17）。

蛹：褐棕色。腹部背面第 5~7 节近前缘处各有一列的马蹄形刻点。腹末具尾刺 6 根，中间 2 根较粗直，两侧 4 根细小略内曲（图 3-18）。

生活习性

黏虫由北至南一年发生 2~8 代。在北纬 27° 以南，终年繁殖为害；北纬 27°~33° 以幼虫或蛹越冬；北纬 33° 以北地区不能越冬。成虫具有远距离迁飞习性，每年春季由南向北、夏秋季由北向南迁飞，一次可飞行 1 000km 以上。西南区除南北迁飞外，还存在着由低海拔向高海拔的垂直迁飞。因此，北方地区春季黏虫发生的轻重与其南方上一代的发生情况密切相关。

成虫昼伏夜出。羽化后需补充营养，才能正常产卵繁殖。该虫繁殖力强，单雌产卵量达 1 000~2 000 粒，最多可达 3 000 粒以上，产卵成块。雌虫产卵于叶尖或嫩叶、心叶皱缝间，常使叶片成纵卷，也喜在玉米、高粱间苗时未清出田间的枯苗上产卵。成虫具趋光性，对黑光灯具有很强的趋性。对糖、醋、酒的混合液有很强的趋性。

幼虫共6龄，食性杂，喜食禾本科的植物。1、2龄幼虫多在植株心叶、叶背或叶鞘中啃食叶肉；3龄后食量大增，吃叶成缺刻；5、6龄进入暴食期，其食量占整个幼虫期的90%左右。3龄后幼虫有潜土、假死习性。4龄以上幼虫具迁移习性，当吃光一片庄稼后，便成群结队地四处迁移。幼虫老熟后入土作土室化蛹。

黏虫的发生数量及为害程度受气候条件、食物营养及天敌影响较大。黏虫喜欢温暖高湿的条件。适宜温度10~25℃，相对湿度85%以上。多雨年份往往发生较重；地势低洼、田间湿度大、灌溉条件好的高水肥田块发生重。

成虫需取食花蜜作补充营养，蜜源植物也是影响黏虫种群的重要因子。田间寄主植物丰富有利于黏虫的发生，一般水肥条件好，作物长势茂密的农田，黏虫发生重。

黏虫的天敌种类有150多种，如步甲、蜘蛛、蛙类、鸟类等对黏虫的发生有一定的自然控制作用。

防治技术

（1）诱杀成虫。在黏虫成虫发生盛期可用性诱剂、杀虫灯、谷草把法或糖醋法等诱杀成虫。

谷草把法：扎直径为5cm左右的草把插于田间，每亩60~100个，每5d换一次草把，换下的枯草把集中烧毁，以消灭成虫和卵。

糖醋法：取红糖350g、酒150g、醋500g、水250g和90%的晶体敌百虫15g，制成糖醋诱液，放在田间1m高的地方诱杀成虫。

（2）药剂防治。在幼虫发生初期及时施药防治，防治适期主要掌握在3龄前。喷药时间应在晴天上午9：00以前或下午5：00以后。可选用5%氟虫脲乳油4 000倍液，或用灭幼脲1号、灭幼脲2号、灭幼脲3号500~1 000倍液，还可用5%甲氰菊酯乳油或2.5%高效氯氟氰菊酯乳油等2 000~3 000倍液喷雾防治。

甜菜夜蛾

甜菜夜蛾（*Spodoptera exigua* Hübner）属鳞翅目，夜蛾科。又名玉米叶夜蛾、贪夜蛾、白菜褐夜蛾。为世界性、暴发性害虫，在全国各地均有发生，以长江流域及以南省份发生为害严重。其食性很广，寄主涉及35科，170多种植物，可为害甜菜、大豆、芝麻、花生、玉米、棉花、麻类、烟草、蔬菜等多种作物。

为害特点

以幼虫为害。低龄幼虫群集寄主叶背，吐丝结网，在网内取食叶肉，留下表皮，形成透明的小孔。3龄后开始分散为害，可将叶片吃成孔洞或缺刻，严重时仅剩叶脉和叶柄。甜菜夜蛾幼虫喜食玉米幼苗，往往导致死苗而断垄，甚至毁种（图3-19）。

图3-19 甜菜夜蛾幼虫为害玉米心叶

形态特征

成虫：体长8~10mm，翅展19~25mm，灰褐色，头、胸有黑点。前翅内横线、外横线和亚外缘线均为灰白色，外缘线由1列黑色三角形斑组成。前翅中央近前缘外方有肾形斑1个，内方有土红色圆形斑1个。后翅灰白色，略带紫色，翅脉及缘线黑褐色（图3-20）。

卵：直径约0.5mm，白色，圆球状，表面有放射状隆起线。成块产于叶面或叶背，每块8~100粒不等，卵块上覆盖有雌蛾脱落的白色或淡黄色绒毛。

图3-20 甜菜夜蛾成虫

幼虫：老熟幼虫体长约22mm，体色变化大，有绿色、暗绿色、黄褐色、褐色至黑褐色，腹部气门下线为明显的黄白色纵带，有时带粉红色，直达腹部末端，但不弯到臀足上，每节气门后上方各具1个显著白点（图3-21）。

图 3-21　甜菜夜蛾幼虫（左：低龄幼虫；右：高龄幼虫）

蛹：体长约 10mm，黄褐色。中胸气门显著外突。臀棘上有 2 根刚毛，其腹面基部也有 2 根极短的刚毛（图 3-22）。

图 3-22　甜菜夜蛾蛹

生活习性

甜菜夜蛾一年发生的代数由北向南逐渐增加。华北地区一年发生 3~4 代，以蛹在土室内越冬。广东、海南一年发生 11 代左右，无越冬现象，可终年繁殖为害，世代重叠。

成虫羽化后还需补充营养，以花蜜为食。成虫具有趋光性和趋化性，对糖醋酒液有较强趋性。成虫昼伏夜出，白天躲在杂草及植物茎叶的隐蔽场所，黄昏开始飞翔、交尾和取食，以晚上 8：00—10：00 活动最盛。卵多产在植株下部叶背面、叶柄部或杂草上，多为单层，少数多层排列，卵块上覆盖灰白色绒毛。单雌产卵量达 200~1 200 粒。

幼虫共 5 龄，少数 6 龄。初孵幼虫先取食卵壳，2~5 小时后陆续从绒毛内爬出，群集叶背。3 龄前群集为害，食量小，1~2 龄幼虫仅咬食叶肉，留下叶片上表皮，形成纱网状叶。4 龄后幼虫昼伏夜出，食量大增，占幼虫一生食量的 90% 左右，有假死性，受惊扰即落地。虫口密度过大时，幼虫会成群迁徙和自相残杀。老熟幼虫入表土层 3~5cm 处或植株基部隐蔽处化蛹。

甜菜夜蛾是一种间歇性大发生的害虫。凡是入梅早、夏季炎热少雨，则秋季发生往往就严重。此外，在大田周围或田内杂草丛生，甜菜夜蛾为害也重。秋季雨水多的年份，其幼虫被白僵菌和绿僵菌感染而发病的比例高。在田间如有大量的捕食性、寄生性天敌以及病原微生物，对甜菜夜蛾种群有一定控制作用。

防治技术

（1）农业防治。加强田间管理，及时清除田间、地边灰灰菜、蘸草、苋菜等甜菜夜蛾嗜好其产卵的杂草，收获后及时清除残株落叶，随即翻耕。合理利用甜菜夜蛾对寄主作物喜好程度的差异进行间作套种或轮作，也可降低其为害。

（2）人工摘除卵块和捕杀幼虫。结合田间操作，及时摘除卵块和有初孵幼虫的叶片。如幼虫已分散，可在产卵叶片的周围喷药，以消灭刚分散的低龄幼虫。

（3）诱杀成虫。在成虫盛发期利用黑光灯、性诱剂诱杀；也可用糖、醋、酒诱液诱杀。糖、醋、酒和水的比例为 3∶4∶1∶2。

（4）药剂防治。在甜菜夜蛾幼虫 3 龄前，适时施药防治，并注意轮换或交替用药。药剂可选用 5% 定虫隆 4 000 倍液、氟铃脲 1 000 倍液、50% 辛硫磷乳油 +90% 晶体敌百虫 1 000~1 500 倍液等；近年来，用于防治甜菜夜蛾的病毒制剂多核蛋白壳核型多角体病毒和颗粒体病毒在生产上也得到一定的应用。

斜纹夜蛾

斜纹夜蛾 [*Prodenia litura*（Fabricius）] 又名莲纹夜蛾，属鳞翅目，夜蛾科。该虫是世界性害虫，国内分布遍及全国，以长江流域及以南各地受害严重。该虫为多食性和暴食性害虫，寄主植物广泛，喜食的寄主就有 90 种以上，广泛为害十字花科、茄科及水生蔬菜，大田作物主要为害玉米、甘薯、棉花、花生、大豆、烟草等，还能为害柑橘、香蕉、番木瓜等果树。

图 3-23　斜纹夜蛾为害状

为害特点

以幼虫食害植株叶片、花、果、雌雄穗及嫩枝等。低龄幼虫在叶背食害下表皮和叶肉，剩留上表皮和叶脉，呈窗纱状；高龄幼虫吃叶成缺刻，严重时除主脉外，全叶尽被吃光，还可蛀食果实。虫口密度高时，田间作物被吃得仅剩光秆，成群迁徙，往往造成大面积毁产（图 3-23）。

形态特征

成虫：体长 14~20mm，翅展 35~42mm。体深褐色。前翅灰褐色，具有复杂的黑褐色

图 3-24　斜纹夜蛾成虫（左：♀；右：♂）

图 3-25 斜纹夜蛾卵块

斑纹，中室下方淡黄褐色，翅基部有白线数条，内外横线之间有灰白色宽带，自内横线前缘斜伸至外横线近内缘 1/3 处，雌蛾在灰白色宽带中有 2 条褐色线纹。后翅白色，前后翅上常有水红色至紫红色闪光（图 3-24）。

卵：半球形，直径 0.4~0.5mm。初产时黄白色，后变为淡绿色，孵化前卵呈紫黑色。卵块椭圆形，常由 3~4 层卵粒组成，上覆黄褐色绒毛（图 3-25）。

幼虫：老熟幼虫体长 35~51mm，头部黑褐色。体色因寄主或虫口密度不同而异，发生少时为淡灰绿色，大发生时体色深，多为黑褐或暗褐色。具黄色至橙黄色的背线和亚背线。从中胸至第 9 腹节沿亚背线上缘每节两侧常各有 1 半月形黑斑，其中第 1、第 7、第 8 腹节的黑斑最大。中、后胸的黑斑外侧常伴以黄白色小点。气门下线由污黄色或灰白斑点组成（图 3-26）。

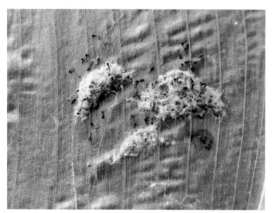

图 3-26 斜纹夜蛾幼虫（左：初孵幼虫；右：老熟幼虫）

蛹：长 15~20mm，赤褐色至暗褐色。腹部第 4 节背面前缘及第 5~7 节背、腹面前缘密布圆形刻点。气门黑褐色，呈椭圆形。腹端有臀棘 1 对，短，尖端不成钩状（图 3-27）。

生活习性

斜纹夜蛾在海南 1 年发生 9 代左右，终

图 3-27 斜纹夜蛾蛹

年繁殖为害，冬季可见到各虫态，无越冬休眠现象。世代重叠，是季节迁飞性害虫。在越冬地区大多数以蛹在表土层中越冬，少数以老熟幼虫越冬。在长江流域以北的地区，越冬问题尚无结论。

成虫昼伏夜出。白天隐藏在植株茂密处、土缝、杂草丛中，傍晚开始活动，以晚上8：00—12：00为盛，飞翔力很强。对黑光灯、糖酒醋液及发酵的胡萝卜、麦芽、豆饼、牛粪等都有较强趋性。成虫喜食糖酒醋等发酵物及花蜜作补充营养。成虫有随气流迁飞习性，早春由南向北迁飞，秋天又由北向南迁飞。雌成虫产卵前期1~3天。卵多产在植株生长比较高大、茂密，浓绿的边际作物叶片背面的叶脉分叉处，植株中部着卵较多。产卵成块，重叠排列，卵块外覆有黄色绒毛。单雌产卵量一般有1 000~2 000粒，多的达到3 000粒以上。

幼虫共6龄。初孵幼虫群栖于卵块的附近取食叶肉，并有吐丝随风飘散的习性。2、3龄后分散为害，4龄后为暴食期，5~6龄幼虫占总食量的90%。幼虫咬食叶片、花、花蕾及果实，食叶成孔洞或缺刻。当大发生食料不足时，有成群迁移习性。幼虫具假死性，3龄后表现尤其显著。幼虫惧阳光直照，白天常藏在阴暗处，4龄后幼虫栖息于地面或土缝，傍晚取食为害。幼虫老熟后入土在表土层作一椭圆形土室化蛹。

斜纹夜蛾为喜温而又耐高温的间歇猖獗为害的害虫。发育和繁殖的最适温度为28~30℃，抗寒力很弱。水肥条件好、作物生长茂密的田块，虫口密度往往就大。土壤干燥对其化蛹和羽化不利，大雨和暴雨对低龄幼虫和蛹均有不利影响。此外，斜纹夜蛾的天敌种类多，通常情况下寄生率并不高，但对斜纹夜蛾的控制作用仍不容忽视。

防治技术

（1）农业防治。及时翻犁空闲田，铲除田边杂草。在幼虫入土化蛹高峰期，结合农事操作中耕灭蛹；结合抗旱进行灌溉，可以淹死大部分虫蛹。合理安排种植茬口，避免斜纹夜蛾喜食寄主作物连作，有条件的地方可与水稻轮作。

（2）诱杀成虫。成虫盛发期利用性诱剂、频振式杀虫灯、黑光灯、糖醋液或豆饼、甘薯发酵液等诱杀成虫。糖醋酒液配制为：红糖∶醋∶酒∶清水=2∶2∶1∶4，还可加少许敌百虫。

（3）人工摘除卵块和捕杀幼虫。斜纹夜蛾的卵成块易发现，于卵盛发期晴天上午9:00前或下午4:00后，迎着阳光人工摘除卵块或1、2龄幼虫。如幼虫已经分散，可在产卵叶片的周围喷药，以消灭刚分散的低龄幼虫。

（4）生物防治。保护利用本地天敌；在卵孵化盛期至低龄幼虫期，每亩用10亿个/g斜纹夜蛾核型多角体病毒可湿性粉剂800~1 000倍液，或用100亿孢子/mL短稳杆菌悬浮剂800~1 000倍液等生物制剂喷雾；利用白僵菌等昆虫病原微生物对斜纹夜蛾也有较好

图 3-28　斜纹夜蛾感染白僵菌

或 15% 茚虫威悬浮剂 4 000 倍液。

的防治效果（图 3-28）。

（5）药剂防治。在 3 龄幼虫期前施药，喷药应在午后和傍晚进行。且要注意轮换或交替用药。喷药要喷叶片背面及中下部叶片。药剂可选用：3.2% 高氯·甲维盐微乳剂 2 000 倍液、1.8% 阿维菌素乳油 2 000 倍液、5% 氟啶脲乳油 2 000 倍液、20% 虫酰肼悬浮剂 2 000 倍液、25% 灭幼脲悬浮剂 3 500~4 500 倍液、25% 多杀菌素悬浮剂 1 500 倍液、10% 虫螨腈悬浮剂 1 500 倍液

银纹夜蛾

银纹夜蛾 *Argyrogramma agnata*（Staudinger）属鳞翅目，夜蛾科，别名豆银纹夜蛾、黑点银纹夜蛾、豌豆造桥虫等。全国各地均有分布，以长江流域以南地区受害较重。多食性害虫，主要为害玉米、豆类、十字花科蔬菜等。

为害特点

幼虫食叶，将玉米叶吃成缺刻或孔洞，也可取食果荚，影响产量。并排泄粪便污染植株（图 3-29）。

形态特征

成虫：体长 15~17mm，翅展 32~36mm，体黄褐色。前翅深褐色，具 2 条银色横纹，前翅中室后缘中部有一 "U" 字形或马蹄形银边褐斑，其外后方有一近三角形银斑，2 斑靠近但不相连。后翅暗褐色，有金属光泽。胸背有两簇较长的棕褐色鳞片（图 3-30）。

卵：半球形，长约 0.5mm，初产时白色，渐变浅黄绿色至紫黑色，卵面具网纹。

幼虫：老熟幼虫体长约 30mm，淡绿色。虫体前端较细，后端较粗。头部绿色，两侧有黑斑；背中线两侧有 6 条纵行的白色细线，体侧具白色纵纹。胸足、腹足皆绿色，只有 3 对腹足，行走时体背拱曲。受惊时虫体卷曲呈 "C" 形或 "O" 形（图 3-31）。

蛹：纺锤形，长 13~18mm。初期背面褐色，腹面淡绿色。末期整体黑褐色。末端有 6 根尾刺。外被疏松而薄的白色丝茧（图 3-32）。

图 3-29　银纹夜蛾为害状

图 3-30　银纹夜蛾成虫

图 3-31 银纹夜蛾幼虫（左：低龄幼虫；右：老熟幼虫）

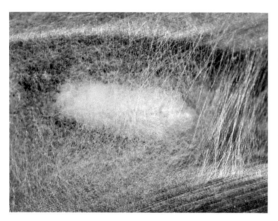

图 3-32 银纹夜蛾蛹（左：被薄丝茧的蛹；右：临近羽化的蛹）

生活习性

银纹夜蛾在华南地区 1 年发生 6~7 代。各地均以蛹在枯叶上、土表等处越冬。成虫昼伏夜出，有强趋光性。夜间交尾产卵，卵散产，喜产卵在生长茂密的豆田，多散产在植株上部叶片背面。1 龄幼虫隐藏于叶背剥食叶肉，残留上表皮，受惊易落地。3 龄后食害上部嫩叶成孔洞，多在夜间为害。老熟幼虫在叶背、土表结白色薄茧化蛹。

防治技术

（1）农业防治。作物合理布局，避免银纹夜蛾喜食寄主连作、间作，可减少其转移为害。收获后及时清除田间落叶，消灭虫蛹。还可利用幼虫的假死性，可摇动植物，使虫掉落地上集中消灭。

（2）物理防治。在成虫盛期，利用黑光灯诱杀成虫。

（3）药剂防治。一般在防治其他夜蛾类害虫时可兼治此虫。在该虫为害严重时，可在 3 龄幼虫期前喷洒青虫菌粉剂（100 亿孢子 /g）1 500 倍液、Bt 乳剂（100 亿孢子 / g）800~1 200 倍液或 25% 灭幼脲 3 号悬浮剂 500~1 000 倍液等防治。

双线盗毒蛾

双线盗毒蛾 [*Porthesia scintillans*（Walker）] 属鳞翅目，毒蛾科，别名棕衣黄毒蛾、桑褐斑毒蛾。该虫主要分布于海南、广东、广西、福建、台湾、云南和四川等省区。多食性害虫，寄主植物广泛，可为害玉米、棉花豆类、辣椒、甘薯、荔枝、杧果、柑橘等。

为害特点

以幼虫取食寄主叶、花、幼果等，为害严重时叶片仅剩网状叶脉。玉米叶受害后影响光合作用，花丝受害后影响结粒（图3-33）。

图3-33　双线盗毒蛾幼虫为害

形态特征

成虫：体长 9~12mm，翅展 20~38mm。头部和颈板橙黄色，胸部浅黄棕色。腹部褐黄色，肛毛簇橙黄色。前翅赤褐色微带浅紫色闪光，内线和外线黄色，前缘、外缘和缘毛柠檬黄色，外缘和缘毛黄色部分被赤褐色部分分隔成3段；后翅黄色（图3-34）。

图3-34　双线盗毒蛾成虫

卵：卵黄色，半球形。由卵粒聚成块状，上覆盖黄褐色或棕色绒毛。

幼虫：体长 20~25mm，暗棕色有红色侧瘤，腹部第 1、第 2 节和第 8 节背面有棕褐色短毛刷，中、后胸和腹部 3~7 节具黄色宽背线，背线中央贯穿红色细线。体上毛瘤上有黑长毛（图 3-35）。

图 3-35　双线盗毒蛾幼虫

蛹：长约 14mm，土黄色，背面体节各节有褐色斜斑，腹面各节有褐色细纵纹；体表有许多刚毛，尾端有十余根带钩的臀刺。

生活习性

双线盗毒蛾在广西的西南部 1 年发生 4~5 代，在福建 1 年发生 3~4 代。以幼虫在寄主叶片间越冬。但在三亚南繁区域，冬季气温较暖，幼虫仍在玉米上取食活动。成虫于傍晚或夜间羽化，昼伏夜出，具趋光性。雌虫产卵于叶背、花穗或枝梗上，呈卵块状，上覆黄色绒毛。初孵幼虫有群集性，在叶背取食下表皮和叶肉，残留上表皮；3 龄分散为害，该虫因寄主植物种类多，在田间易转寄主为害，因此，在海南常年均可发现该虫在不同寄主间为害。幼虫老熟后入表土层结茧化蛹。

防治技术

（1）农业防治。及时清除田间残株败叶，集中深埋或烧毁；适当翻松园土，杀死部分虫蛹；合理密植，使田间通风透光，可减少为害。

（2）药剂防治。幼虫 3 龄前可喷施 90% 晶体敌百虫、80% 敌敌畏乳油 800~1 000 倍液、25% 灭幼脲 3 号悬浮剂 500~600 倍液、2.5% 速灭杀丁乳油 2 000~3 000 倍液、50% 辛硫磷乳油 1 000 倍液、2.5% 氯氟氰菊酯乳油或 10% 氯氰菊酯乳油 2 500~3 000 倍液等。

直纹稻弄蝶

直纹稻弄蝶（*Parnara guttata* Bremer *et* Grey）属鳞翅目，弄蝶科。俗名稻苞虫、直纹稻苞虫。全国多数地方均有分布，以淮河流域及以南发生较普遍，常在长江流域以南各稻区局部成灾。寄主有水稻、玉米、高粱、茭白及稗草、游草等杂草。

图 3-36　直纹稻弄蝶为害状

为害特点

幼虫缀叶成苞，在苞内取食玉米、水稻等植物叶片，影响其光合作用及妨碍抽穗（图 3-36）。

形态特征

成虫：体长 16~20mm，翅展 36~40mm。体、翅黑褐色，略带金黄色光泽。前翅正面有 7~8 枚排成半环状的白斑，后翅有 4 个白斑，排成一直线（图 3-37）。

卵：半球形，直径约 1mm。顶端平，中部稍下凹，表面有六角形刻纹。初产时淡绿色，后变褐色，近孵化时呈紫黑色。

幼虫：老熟时体长 30~40mm。前胸收窄如颈状，虫体略呈纺锤形。头淡棕黄色，正面中央有"W"形褐纹。前胸背面有

图 3-37　直纹稻弄蝶成虫

"一"字形黑横线。体黄绿色，背线深绿色. 臀板褐色（图 3-38）。

蛹：近圆筒形，长 22~25mm。头平尾尖，体淡黄褐色。腹部第 5~6 腹面各有一倒"八"字形褐纹。体表常被白粉，外包有白色薄茧（图 3-39）。

图 3-38 直纹稻弄蝶幼虫（左：低龄幼虫；右：老熟幼虫）

生活习性

直纹稻弄蝶在华南地区 1 年发生 6~8 代，以老熟幼虫在背风向阳的游草等杂草中结苞越冬。当冬季气温达 12℃以上仍能取食活动。

成虫昼出夜伏。多在清晨羽化，喜欢在晴天上午和傍晚前活动，夜间略有趋光性。喜食植物花蜜。卵散产，多产于寄主叶背近中脉处。在叶色浓绿，生长旺盛的寄主叶片

图 3-39 直纹稻弄蝶蛹

上着卵量多。初孵幼虫先咬食卵壳，然后爬至叶缘或叶尖，吐丝缀叶成筒状叶苞，在苞内取食。随着虫龄增大，结苞就越大，结叶就越多。幼虫老熟后，多数在叶苞化蛹，蛹苞两端紧密，呈纺锤形。

该虫为间歇性猖獗为害的害虫，其发育和繁殖的适宜温度为 24~30℃，相对湿度为 75%以上。一般认为，1—3 月天气温暖，平均相对湿度高时，当年发生的概率很大。高温干旱，则不利于发生。其天敌种类较多，多种寄生蜂、寄蝇、步甲、隐翅甲、瓢虫、胡蜂、蜻蜓、燕子等是其重要天敌。

防治技术

（1）农业防治。在冬季，清除沟边、塘边和稻田边的杂草及植物残株，可大量消灭越冬幼虫。

（2）人工摘除虫苞。在直纹稻弄蝶已经大量进入蛹期或幼虫老熟阶段，可人工摘除虫苞。

（3）生物防治。合理使用高效、低毒，低残留农药，保护自然天敌，以提高天敌对直纹稻弄蝶的控制作用。使用 100 亿孢子 /mL 短稳杆菌悬浮剂 80~120mL/ 亩或甜核·苏云菌可湿性粉剂 50~75g/ 亩，对水 50kg/ 亩，Bt 乳剂 200g/ 亩等生物药剂防治，降低对天敌的伤害，达到天敌自然控制。

（4）药剂防治。防治时期掌握在幼虫 3 龄以前。施药时间在下午 4：00 以后效果较好。每亩可选用 50% 杀螟硫磷乳油 100~120mL，或用 18% 杀虫双水剂 150~200g，或用 90% 敌百虫晶体 100g，或用 Bt 乳剂 200g 对水 50~60kg 喷雾防治。

黄斑长跗萤叶甲

黄斑长跗萤叶甲(*Monolepta signata* Olivier)属鞘翅目,叶甲科,别名四斑萤叶甲。分布在海南、广东、广西、四川、福建、云南、西藏等地。主要为害玉米、棉花、大豆、花生等作物。

图3-40 黄斑长跗萤叶甲为害状

为害特点

主要以成虫为害玉米叶片和穗部花丝,影响授粉和结实,严重时造成减产(图3-40)。

形态特征

成虫:体长3~4.5mm,头、前胸、腹部、足腿节橘红色;中、后胸腹板、足胫节及跗节、触角端部红褐色至黑褐色,小盾片三角形,前胸背板宽为长的2倍多,腹部腹面黄褐色,体毛褚黄色。鞘翅黄褐色至黑褐色,每翅上各具浅色斑2个,位于基部和近端部,斑前方缺刻较大(图3-41)。

图3-41 黄斑长跗萤叶甲成虫

生活习性

黄斑萤叶甲的为害高峰期主要在玉米抽雄穗及雌穗花丝阶段,以成虫群聚取食叶片和花丝,导致玉米严重授粉不良,从而影响玉米结实,并可传播病菌,引起玉米其他病害的发生,造成大幅度减产。发生严重的玉米田块,可减产50%以上,成虫飞翔力不强,可飞翔1~5m。玉米收获后,可转移到邻近的其他作物上继续为害。

防治技术

（1）农业防治。及时铲除田边、地埂、渠边杂草，深翻灭卵，均可减少虫源；玉米收获后彻底清除田间堆积秸秆；植株受害严重应及时拔除，集中销毁深埋。

（2）药剂防治。发生严重时用50%辛硫磷乳油1 500倍液或20%速灭杀丁乳油2 000倍液喷施防治，喷药时应选择在上午10∶00前或下午5∶00后进行。

中华稻蝗

中华稻蝗 [*Oxya chinensis*（Thunberg）] 属直翅目，斑腿蝗科。全国各稻区几乎均有分布，以长江流域发生较重。主要为害水稻、玉米、高粱、棉花、豆类及芦苇等禾本科和莎草科植物。

图 3-42　中华稻蝗为害状

为害特点

中华稻蝗成虫、若虫均能取食寄主叶片，造成缺刻，严重时全叶被吃光，仅残留叶脉，还能咬食穗部和稻粒造成减产（图 3-42）。

形态特征

成虫：雄虫体长 15~33mm；雌虫体长 19~40mm，体细长。绿色、黄绿色、褐绿色或背面黄褐，侧面绿色。头顶向前伸，颜面隆起，两侧缘近平行，具纵沟。从头部复眼后方至前胸背板两侧各有 1 条黑褐色带。前翅前缘绿色，其余部分淡褐色，翅长过腹末。雄虫腹末端的肛上板短三角形，平滑无侧沟，顶端尖锐。雌虫生殖板后缘中间有 2 个分开的小齿，两侧 2 个小齿较短小（图 3-43）。

卵：长约 4 mm，宽约 1 mm，长圆筒形，中央略弯，后端钝圆，深黄色。卵囊茄形，深褐色，长约 12mm，宽约 8mm。

若虫：形似成虫，共 6 龄，老熟若虫

图 3-43　中华稻蝗成虫

图 3-44　中华稻蝗末龄若虫

体绿色，体长约 32mm。前胸背板向后方伸展，较头部长。两翅芽已伸达至腹部第 3 节中间。后足胫节有 10 对硬刺，末端有 2 对叶状粗刺。腹部 10 节，产卵管背瓣、腹瓣明显（图 3-44）。

生活习性

中华稻蝗在北方 1 年发生 1 代，南方 1 年 2 代。各地均以卵在土表层或杂草根际、稻茬株间越冬。越冬卵在广州 3 月下旬至 4 月上旬孵化，1 龄、2 龄若虫多集中在田埂、路边、沟堤或低洼潮湿处为害杂草，3 龄即可为害作物田。若虫蜕皮 5 次羽化为成虫。

成虫多在早晨羽化，在性成熟前活动频繁，飞翔力强，以上午 8：00—10：00 和下午 4：00—7：00 活动最盛。对白光和紫光趋性较强。成虫羽化后 10 天以上性成熟，并进行交尾，可多次交尾。交尾时多在晴天，以午后最盛，可持续 3~12 小时。雌虫在交尾时仍可取食和活动。雌虫交尾后经 20~30 天产卵。以湿度适中、土质松软的田埂两侧产卵最为适宜。成虫嗜食禾本科和莎草科等植物。稻蝗一生可取食稻叶 410cm^2，其中若虫占 59%。低龄若虫在孵化后有群集生活习性，就近取食田埂、沟边的禾本科杂草，3 龄后分散开，迁入秧田食害秧苗，再由田边逐步向田内扩散，4、5 龄若虫可扩散到全田为害。

防治技术

（1）农业防治。在春季采取压埂、铲埂及翻埂等方法杀灭蝗卵，降低虫口基数；清除田边杂草，切断低龄蝗蝻食料；可采取泡荒田、水旱轮作、冬耕灭茬等措施降低中华稻蝗的生存。

（2）生物防治。保护利用天敌，结合生态农业，保护鸟类、蛙类，放禽啄食。低龄若虫期放鸡、鸭啄食效果好。

（3）药剂防治。掌握在 3 龄蝗蝻前对稻田边的杂草地、田埂、沟旁、渠坡等向田内延伸 5m 内施药。可选用药剂：50% 辛硫磷乳油 1 000 倍液或 50% 杀螟硫磷可湿性粉剂 1 000 倍液喷雾，防效均达 90% 以上。

东亚飞蝗

图 3-45　东亚飞蝗为害玉米

东亚飞蝗（*Locusta migratoria manilensis* Meyen）属直翅目，斑翅蝗科。国内主要分布在北纬 42° 以南至海南。在长江以北、黄淮海地区经常成灾暴发。近年来，东亚飞蝗在海南省已成为重害地区，主要分布于海南省西南部地区，从 11 月至翌年 4 月的干旱季节飞蝗往往暴发成灾。该虫食性很广，寄主以禾本科和莎草科为主，在海南主要为害玉米、甘蔗、水稻等禾本科作物和杂草。

为害特点

以成虫、若虫咬食玉米等寄主植物的叶、嫩茎、幼穗，即可取食寄主全部地上部分的绿色组织，可将植物吃成光秆，大量个体群集为害时可造成毁灭性的农业生物灾害（图 3-45）。

形态特征

成虫：体长雄虫 33~48mm，雌虫 39~52mm，有散居型、群居型和中间型 3 种类型。散居型体色为黄褐色或绿色，群居型体色为黑褐色，中间型体色为灰色。头部较大，颜面

图 3-46　东亚飞蝗成虫（左：散居型；右：群居型）

垂直。触角丝状，刚好超过前胸背板后缘。前胸背板马鞍形，中隆线明显，两侧有暗色纵条纹。前翅褐色，具许多暗色斑，超过后足胫节的中部，后翅无色透明。后足胫节红色（图3-46）。

卵：卵块黄褐色或淡褐色，长筒形，稍弯曲；长45~67mm，上端略细处为海绵状胶质物，下部为卵粒，卵粒呈4行斜排由胶质物黏结，卵长约6.5mm，圆柱形，淡黄色，一端稍尖，一端微圆，稍弯曲（图3-47）。

图3-47　东亚飞蝗卵

若虫（蝗蝻）：体型似成虫。共5龄。1龄体长5~10mm，触角13~14节；2龄体长8~14mm，触角18~19节；3龄体长10~20mm，触角20~21节；4龄体长16~25mm，触角22~23节；5龄体长26~40mm，触角24~25节。蝗蝻的群居型和散居型主要区别表现在体色上。群居型蝗蝻体黑色或红褐色，体色稳定；散居型蝗蝻

图3-48　东亚飞蝗蝗蝻

体绿色或黄褐色，体色常随环境而异。此外，散居型蝗蝻前胸背板较群居型的大，且隆起较高（图3-48）。

生活习性

东亚飞蝗在海南1年发生4代，以卵在土内越冬。

东亚飞蝗喜食禾谷类作物及杂草，饥饿时也取食大豆等阔叶作物。每头飞蝗一生平均取食玉米叶80g，成虫取食量占一生总食量的70%~85%。成虫喜在温度较高的向阳坡地、植被稀疏、土壤含水量适中、土面较坚实的草原、河滩及湖泊沿岸荒地产卵。1~2龄蝗蝻群集在植株上，2龄以上在光裸地及浅草地群集，密度大时形成群居型蝗蝻。东亚飞蝗低密度时为散居型，密度增大时，因个体之间的接触，逐渐转变为群居型。群居型飞蝗体内水分少，脂肪含量多，新陈代谢旺盛，能适应于迁飞，但产卵量低。散居型飞蝗则相反。群居型成蝗有远距离迁飞的习性。当散居型飞蝗达10头/m²上，也可能会出现迁飞的现象。

东亚飞蝗喜欢栖息的环境为地势低洼、易涝易旱或水位不稳定的沿海、湖、河及内涝

低洼地或耕作粗放的夹荒地。大面积荒滩或间有耕作粗放的夹荒地最适宜飞蝗产卵。先涝后旱是飞蝗大发生的最重要条件，连续大旱有利于飞蝗的发生。聚集、扩散与迁飞是飞蝗适应环境的一种行为特点。

防治技术

（1）生态控制技术。治理蝗灾的根本办法是保护生态环境，可通过兴修水利，稳定湖河水位，大面积垦荒种植，精耕细作，减少蝗虫滋生地；植树造林，改善蝗区小气候，消灭飞蝗产卵繁殖场所；种养结合，在地面种植果树或作物，水中放养鱼虾的上果下鱼养殖模式对东亚飞蝗的防治很有效。

（2）生物防治。保护农田中飞蝗的天敌，如农田蜘蛛、鸟类或蛙类等，特别是鸟类和蛙类，对飞蝗的控制作用很有效果；在蝗蝻2~3龄期可用蝗虫微孢子虫每亩（2~3）×10^{9}个孢子，或用20%杀蝗绿僵菌油剂每亩25~30mL，加入500mL专用稀释液后，用机动弥雾机喷施，每亩用量一般为40~60mL。

（3）药剂防治。在蝗虫大发生年或局部蝗情严重时，生态和生物措施不能控制蝗灾蔓延，应在3龄蝗蝻前及时施药防治，菊酯类农药对东亚飞蝗有很好的防治效果。

玉米蚜

玉米蚜 [*Rhopalosiphum maidis*（Fitch）] 属同翅目，蚜科。全国主要玉米产区均有为害。能为害玉米、高粱、水稻、小麦、大麦、谷子等作物，在海南南繁育种玉米上为害较为严重。

为害特点

以成、若蚜刺吸玉米等寄主植株汁液，玉米苗期蚜虫群集于叶片背部和心叶造成为害。玉米孕穗期，蚜虫多聚集在雄花轴上、雌穗苞叶花丝及其上下邻叶上为害。为害严重时，形成"黑穗"，使玉米不能正常授粉，造成玉米雌穗出现明显的少行缺粒和"秃顶"。还有，蚜虫分泌的大量"蜜露"造成叶片霉污，严重影响玉米的光合作用。并能传播玉米矮花叶病毒病等，为害很大（图3-49）。

图3-49　玉米蚜为害状（左：为害雌穗苞；右：为害雄轴）

形态特征

有翅胎生雌蚜：体长1.8~2.0mm，翅展为5.5mm，长卵形，深绿色或黑绿色。头、胸部黑色发亮，复眼暗红褐色。中额瘤及额瘤稍隆起。触角6节，黑色，长度约为体长的1/2。翅透明，前翅中脉分叉。足黑色。腹部第3、第4节两侧各有1个小黑点。腹管长圆筒形，端部收缩。尾片圆锥状，两侧各着生2根刚毛（图3-50左）。

图 3-50　玉米蚜成虫（左：有翅蚜；右：无翅蚜）

无翅胎生雌蚜：体长 1.8~2.2mm，长卵形，暗绿色。复眼红褐色；触角 6 节，较短，约为体长的 1/3。中胸腹岔小，无柄。腹管长圆筒形，基部周围有黑色的晕纹，尾片圆锥状，中部微收缢，尾片及腹管均为黑色（图 3-50 右）。

生活习性

玉米蚜在长江流域 1 年发生 20 多代。以成、若蚜在在禾本科作物或杂草的心叶和叶鞘内越冬，但在海南三亚等南繁区域未见有明显的越冬现象，冬季玉米植株上仍有大量的玉米蚜为害。玉米抽雄前，一直群集于心叶内繁殖为害。大喇叭口末期蚜虫数量激增，逐渐向玉米上部蔓延，抽雄后扩散至雄穗、雌穗上繁殖为害，同时产生有翅胎生雌蚜向临近株上扩散。该蚜营孤雌生殖，在高温干旱环境下，虫口数量增加很快。在玉米生长中后期，旬平均温度 25℃左右、降水量低于 20mm 时，易猖獗为害。玉米蚜的天敌有六斑月瓢虫、异色瓢虫、龟纹瓢虫、食蚜蝇、草蛉和寄生蜂等。

防治技术

（1）农业防治。种植抗虫品种；拔出早期田间有蚜中心株；加强田间管理，结合中耕，清除田边杂草，减少虫源基数。

（2）生物防治。玉米蚜的天敌主要有瓢虫、食蚜蝇、草蛉、茧蜂、蜘蛛等。应加强保护利用自然天敌（图 3-51）。有条件的地方，可以人工释放瓢虫、草蛉等天敌，当田间天敌与蚜虫比在 1：100 以上时，可控制玉米蚜种群数量。

图 3-51 玉米蚜捕食性天敌（左：瓢虫成虫；右：草蛉幼虫）

（3）药剂防治。播种前，用 70% 吡虫啉拌种剂拌种防治苗期蚜虫；玉米拔节后，发现中心蚜株，可喷施 50% 辛硫磷乳油 1 000 倍液。在玉米孕穗期，有蚜株率达 50%，百株蚜量达 2 000 头以上时，应进行全面普治。可选用 50% 抗蚜威可湿性粉剂、3% 啶虫脒乳油 1 000 倍液、80% 敌敌畏乳油 1 500~2 000 倍液、25% 溴氰菊酯乳油 3 000 倍液、10% 氯氰菊酯乳油 2 500 倍液或 2.5% 高效氟氯氰菊酯乳油 2 000 倍液等均匀喷雾防治。

小绿叶蝉

小绿叶蝉 [*Empoasca flavescens*（Fabricius）] 又名桃叶蝉、桃小绿叶蝉等，属同翅目，叶蝉科。全国各省、区均有分布为害。可为害玉米、甘蔗、棉、大豆、绿豆、菜豆、十字花科蔬菜、马铃薯等。

为害特点

以成虫、若虫吸取寄主叶片、嫩芽和嫩茎汁液，被害叶初呈现黄白色斑点，后逐渐扩展成片。叶片自周缘逐渐卷缩凋萎，但不变红。严重时全叶一片苍白枯死脱落。此外，虫粪污染叶片，影响叶片光合作用（图3-52）。

图 3-52 小绿叶蝉为害状

形态特征

成虫：体长 3.3~3.7mm，淡绿色至黄绿色，无单眼。头顶中央白纵纹与复眼内侧及头部后缘复眼后方的白纹，连成"山"字形。前胸背板及小盾片淡鲜绿色，前胸近前缘常有 3 个白斑，小盾片前缘有 3 条白色纵纹。前翅近透明，淡黄白色，周缘具淡绿色细边，后翅无色。后足胫节细长，具 2 列刺（图 3-53）。

卵：长椭圆形，长约 0.6mm，宽约 0.15mm，略弯曲。初产乳白色，后渐变淡绿色，卵化前可透见红色眼点。

图 3-53 小绿叶蝉成虫

若虫：5 龄，体长 2.5~3.5mm，体形与成虫相似，淡黄绿色，有翅芽（图 3-54）。

生活习性

华南地区 1 年发生 12~13 代，以成虫在落叶、杂草或附近常绿树上越冬，但在三亚南繁区未见明显的越冬现象。在冬春季的南繁育种玉米各生长阶段，均可见小绿叶蝉为害。暖冬时节，成虫在天气晴朗、温度升高时行动活跃，往往为害严重。清晨、傍晚和风雨时多不活动。成虫、若虫常常隐蔽在新叶或叶背上刺吸汁液。因发生期不整齐，而出现世代重叠。成虫善跳，可借风力扩散。

图 3-54 小绿叶蝉若虫

防治技术

（1）农业防治。及时清除落叶及杂草，减少当年虫口密度和越冬虫源。

（2）诱杀成虫。在成虫高峰期可利用黑光灯和频振式杀虫灯诱杀成虫；近年来，利用黄板和性信息素复合使用能提高诱杀效果。

（3）药剂防治。可选用 25% 噻嗪酮可湿性粉剂、10% 吡虫啉可湿性粉剂 1 000~1 500 倍液或 5% 啶虫脒乳油 2 000~3 000 倍液等进行喷雾防治。若虫被有蜡粉，药液中加入氮酮、有机硅等助剂，可提高防效。有研究表明：10g/L 联苯菊酯乳油、70% 吡虫啉水分散粒剂和 150g/L 茚虫威乳油的防治效果最好，防效均达 90% 以上。

玉米蓟马

在海南为害玉米的蓟马有黄胸蓟马 [*Thrips hawaiiensis*（Morgan）]、花蓟马 [*Frankliniella intonsa*（Trybom）]、棕 榈 蓟 马（*Thrips palmi* Karny）、威 氏 花 蓟 马（*Frankliniella williamsi* Hood）等几种，属缨翅目，蓟马科。其中以黄胸蓟马为害较重。几种蓟马分布广泛，是华南地区重要的蓟马类害虫。蓟马为多食性害虫，寄主植物种类较多，主要为害玉米等农作物、瓜类、豆类、茄果类、十字花科蔬菜、花卉及杂草等。

为害特点

蓟马均以成虫、若虫锉吸玉米等寄主植物的心叶、嫩叶、花、子房及幼果汁液。蓟马喜为害苗期玉米，为害心叶背面，受害处呈现大量白色小点和断续的银白色条斑，受害严重的叶片常如涂一层银粉，部分叶片畸形破裂（图3-55）。

图 3-55　蓟马为害玉米叶片和花丝

形态特征

1. 黄胸蓟马

成虫：雌成虫体长 1.2~1.4mm。头及前胸黄褐色，中、后胸淡褐色，腹部褐色。触角 7 节，第 3 节黄色，其余各节褐色；单眼间鬃短，位于单眼三角形连线外缘；前翅灰褐色，基部色淡，上脉基鬃 4+3 根，端鬃 3 根，下脉鬃 15~16 根，腹部 2~7 节各具副鬃

12 根，第 8 腹节后缘栉毛完整。雄成虫体长 0.9~1.0mm，黄色（图 3-56）。

卵：椭圆形，长约 0.28mm，淡黄色，半透明。

若虫：体型与成虫相似，但体型较小，淡褐色，无翅，眼较退化，触角节数较少，腹部稍尖。

图 3-56　黄胸蓟马成虫（陈俊谕提供）

2. 花蓟马

成虫：体长 0.9~1.3mm。雌褐色，头、胸部稍浅。头背复眼后有横纹。单眼间鬃较粗长，位于后单眼前方。触角 8 节，较粗，其中 3~5 节黄色，其余褐色。腹部 1~7 背板前缘线暗褐色。前胸前缘鬃 4 对，后缘鬃 5 对。前翅微黄色，前翅前缘鬃 27 根；前脉鬃 21 根，均匀排列；后脉鬃 18 根。第 8 背板后缘梳完整，梳毛稀疏而小。雄虫稍小，黄色。腹板 3~7 节有近似哑铃形的腺域（图 3-57）。

卵：长 0.2mm，肾形，孵化前见 2 个红色眼点。

图 3-57　花蓟马成虫（陈俊谕提供）

若虫：2 龄若虫体长约 1mm，黄色。复眼红色，触角 7 节，第 3、第 4 节最长。胸、腹部背面体鬃尖端微圆钝，第 9 腹节后缘有一圈清楚的微齿。

3. 棕榈蓟马

成虫：雌成虫体长 1.0~1.1mm，雄虫 0.8~0.9mm，体金黄色。触角 7 节，单眼红色，3 个，呈三角形排列。单眼间鬃位于单眼连线的外缘。前胸后缘有缘鬃 6 根，中央两根较长。后胸盾片网状纹中有一明显的钟形感觉器。前翅上脉鬃 10 根，下脉鬃 11 根。腹部扁长，体鬃较暗，第 8 腹节后缘栉毛完整（图 3-58）。

图 3-58　棕榈蓟马成虫（陈俊谕提供）

卵：长约 0.2mm，长椭圆形，初产卵为白色透明，卵孵化后，卵痕为黄褐色。产卵于幼嫩组织内，可见白色针点状卵痕。

若虫：1、2龄若虫淡黄色，无翅芽和单眼，复眼红色；3龄若虫淡黄白色，无单眼，有翅芽，长度达3、4腹节，触角向前伸展；4龄若虫体黄色（拟蛹），有3个单眼，翅芽长度达腹部的3/5。

生活习性

黄胸蓟马在海南等热带地区1年发生20多代，世代重叠严重，在南繁区域终年繁殖为害。北方以成虫在枯枝落叶下越冬，在温室内则常年活动，翌年3月初开始活动为害。成虫能飞善跳，行两性生殖和孤雌生殖。成虫、若虫多隐匿花中，受惊扰时，成虫飞逃。雌成虫多产卵于花瓣或花蕊的表皮下，或半埋在表皮下。成虫、若虫用锉吸式口器锉碎植物表面吸取汁液，由于口器不锐利，只能在植物的幼嫩部位锉吸。蓟马食性很杂，在不同寄主植物间常可相互转移为害。高温干旱利于此虫大发生，多雨季节则发生少。此外，蓟马能飞善跳，能借助风力或气流扩散。

防治技术

（1）农业防治。加强田间管理，保持田园清洁，清除田间杂草和枯枝残叶，集中烧毁或深埋。加强肥水管理，促使植株生长健壮，减轻为害。

（2）物理防治。蓟马对蓝色有趋性，可在田间设置蓝色粘虫板，诱杀成虫，粘虫板高度一般与作物持平。

（3）生物防治。蓟马天敌种类很多，捕食性天敌有纹蓟马、盲蝽、花蝽、泥蜂、蚂蚁、大赤螨、草蛉、蜘蛛等；寄生性天敌有缨小蜂（*Anagrus* sp.）、黑卵蜂（*Telenomus* sp.）等，在田间应加以保护和利用，如适当保留一些天敌的栖息场所（如藿香蓟等杂草），减少农药使用次数等。

（4）药剂防治。蓟马多昼伏夜出，在下午施药效果好，药剂应选择内吸性强或者添加有机硅助剂等，以提高防效。常用药剂有：25%噻虫嗪水分散粒剂3 000~5 000倍液喷雾或灌根，还可用10%吡虫啉可湿性粉剂2 000倍液、1.8%阿维菌素2 000~3 000倍液、2%甲氨基阿维菌素苯甲酸盐2 000倍液喷雾、5%啶虫脒2 000倍液或10%甲氰菊酯乳油1 000~1 500倍液交替喷雾等。

玉米叶螨

在海南为害玉米的螨类主要有朱砂叶螨 [*Tetranychus cinnabarinus*（Boisduval）] 和二斑叶螨（*Tetranychus urticae* Koch），均属蛛形纲，真螨目，叶螨科。这两种螨均为世界性害虫，全国各地均有分布。两种螨的寄主均十分广泛，主要为害玉米、高粱、棉花、小麦、粟、大豆、芝麻、向日葵、桑树、草莓、豆类、枣、柑橘、黄瓜等植物。

为害特点

两种叶螨均以成螨、若螨在寄主叶背面吸食营养。叶片被害初期，玉米叶片出现针头大小的褪绿斑，严重时，整个叶片发黄、皱缩，直至干枯脱落，玉米籽粒秕瘦，造成减产、绝收（图 3-59）。

图 3-59 叶螨为害状（左：初期；右：后期）

形态特征

1. 朱砂叶螨（图 3-60）

雌成螨：体长 0.42~0.56mm，卵圆形，红色，体背两侧各有 1 个长深褐色斑。螯肢有心形的口针鞘和细长的口针。须肢胫节爪强大，跗节的端感器呈圆柱状。背毛 12 对，刚毛状，无臀毛，腹毛 16 对。肛门前方有生殖瓣和生殖孔。生殖孔周围有放射状的生殖皱襞。

图 3-60　朱砂叶螨成螨

雄成螨：体长 0.4mm，菱形，多为红色或锈红色，少数也有浓绿黄色。背毛 13 对。阴茎的端锤微小，两侧的突起尖利，长度几乎相等。

卵：近球形，直径 0.13mm。初产时无色透明，渐变淡黄色或橙黄色，孵化前微红色。

幼螨：圆形，长 0.15mm，黄色，透明，只有 3 对足。

若螨：分前若螨和后若螨，体长 0.2mm，似成螨，有 4 对足，但无生殖皱襞。前期体色淡，雌性后期体色变红。

2. 二斑叶螨

雌成螨：体长 0.50~0.60mm，椭圆形。体色有灰绿、黄绿和深绿色等。体背两侧各具 1 块黑褐斑，褐斑外侧呈三裂。当密度大，或种群迁移前体色变为橙黄色。在生长季节无红色个体出现。滞育型体色呈淡红色，体侧无斑（图 3-61 左）。

图 3-61　二斑叶螨成螨（左）和若螨（右）

雄成螨：体长约 0.30mm，呈菱形，尾端尖。体色有浅绿色或黄绿色等，体背上的黑斑不太明显，活动较敏捷。

卵：球形，直径 0.13mm，光滑。初产时乳白色，后变橙黄色，近孵化时出现 2 个红色眼点。

幼螨：半球形，体长约 0.15mm。白色，取食后变暗绿色，体背上无斑；眼红色；足 3 对。

若螨：近卵圆形，足 4 对。体黄绿色、浅绿色、深绿色等，体背两侧出现色斑，眼红色（图3-61右）。

生活习性

　　两种叶螨的生活习性很相似。在北方均1年发生12~15代，以雌成螨在枯叶、草根、土缝、树皮裂缝等处群集越冬。华南地区1年发生20多代，在海南终年繁殖为害，未见有明显的越冬现象。

　　叶螨为两性产雌，孤雌产雄生殖，雌、雄螨一生可交配多次；雌螨日夜均可产卵，以白天为多。卵散产于叶背或所吐的丝网上，卵的孵化率很高。卵孵化为幼螨，幼螨蜕皮为前若螨，再蜕皮为后若螨。每次蜕皮前要静伏10多小时，不食不动。蜕皮后随即可活动和取食。叶螨通常先在田边和有寄主杂草的地方点片发生，以受害株为中心向周围扩散。成螨食料不足时常成群迁移，扩散蔓延。

　　高温干旱，最有利于两种螨的活动和繁殖。降雨强度越大，对叶螨的冲刷力越强。在海南冬春季节，寄主作物种类多，枯枝落叶和杂草较多，能积累大量虫源，有利于繁殖为害。此外，在靠近村庄、果园、温室和长满杂草的向阳沟渠边的玉米田以及常年旱作田发生早且重。

防治技术

　　（1）农业防治。合理安排轮作、间作、套种的作物，避免叶螨在寄主间相互转移为害。及时灌溉施肥，以保证苗齐苗壮，后期不脱肥，增强植株自身的抗叶螨为害能力。特别是高温干旱时，应及时灌水和追肥。玉米收获后及时深翻，铲除田边杂草，清除残株败叶，可消灭部分虫源。

　　（2）生物防治。捕食螨是重要的叶螨捕食者，其中植绥螨是大的类群。目前，胡瓜钝绥螨等多种植绥螨已广泛应用于叶螨的防

图3-62　捕食朱砂叶螨的拟小食螨瓢虫蛹

控。此外，中华草蛉、东亚小花蝽、塔六点蓟马和深点食螨瓢虫等昆虫对叶螨也有一定的控制作用，应加强保护和利用（图3-62）。

　　（3）药剂防治。叶螨世代周期较短，繁殖力强，应尽早控制虫源数量，避免移栽传播。可选用5%氟虫脲乳油1 000~2 000倍液、20%螨死净悬浮剂2 000~2 500倍液、3.3%阿维·联苯乳油1 000~1 500倍液、5%噻螨酮乳油1 500~2 500倍液、15%哒螨灵乳油1 500~2 000倍液、20%甲氰菊酯乳油2 000倍液、2.5%氯氟氰菊酯乳油4 000倍

液、10%吡虫啉可湿性粉剂 1 500 倍液、240g/L 螺螨酯悬浮剂 4 000 倍液、100g/L 虫螨腈悬浮剂 600~800 倍液或 3%甲维盐乳油 5 500 倍液等喷雾防治。喷药时注意重点喷洒植株上部嫩叶背面、嫩茎、花器、生长点及幼果等部位。

东方蝼蛄

东方蝼蛄（*Gryllotalpa orientalis* Burmeister）属直翅目，蝼蛄科。全国各地均有发生。多食性害虫，寄主包括禾谷类、甘蔗、薯类、豆类、蔬菜以及果木的种子和幼苗等。

为害特点

东方蝼蛄以成、若虫在土中取食刚播下的玉米等作物的种子、幼苗，或咬断幼苗根茎，使幼苗枯死，受害根部呈麻丝状。东方蝼蛄在近地面活动将表土穿成许多隧道，使幼苗根系与土壤分离，造成幼苗失水干枯（图3-63）。

图3-63 东方蝼蛄为害状

形态特征

成虫：体长30~35mm。体灰褐色，腹部色较浅，全身密生细毛。头暗黑色，圆锥形。前胸背板卵圆形，中央具一明显的暗红色长心脏形凹陷斑。前翅灰褐色，覆盖腹部一半。后翅卷折如尾状，超过腹端。腹末有较长的尾须1对。前足为开掘足，后足胫节背侧内缘有3~4个棘（图3-64）。

卵：椭圆形。初产时乳白色，后变黄褐色，孵化前呈暗紫色。

图3-64 东方蝼蛄成虫

若虫：共8~9龄。初孵时乳白色，腹部红色或棕色，2~3龄以后体色接近于成虫。末龄若虫体长约25mm。

生活习性

东方蝼蛄在华南地区1年发生1代。以成虫和若虫越冬。成虫、若虫均在土中活动，取食播下的种子、幼芽或咬断幼苗，根部受害呈乱麻状。昼伏夜出，晚 9：00 至晚 11：00 为取食活动高峰。有较强的趋光性。利用黑光灯，特别是在无月光的夜晚，可诱集大量东方蝼蛄。东方蝼蛄特别嗜食煮至半熟的谷子、棉籽及炒香的豆饼，麦麸等，对马粪、有机肥等未腐烂有机物也有强趋性，因此，作物苗床或施用未腐熟的有机肥，易受蝼蛄为害。雌虫喜产卵于沿河两岸、池塘和沟渠附近腐殖质较多的地方。初孵若虫有群集性，怕光、怕风、怕水。孵化后 3~6d 群集一起，以后分散为害。

土壤湿润利于东方蝼蛄活动。在 10~20cm 深处土壤含水量超过 20%，活动为害最盛，水浇地或适量降雨后常加重为害。此外，蝼蛄最适宜的是盐碱土，其次是壤土，黏土发生较轻。

防治技术

（1）诱杀。黑光灯诱杀，尤以温度高、天气闷热、无风的夜晚诱杀效果最好；用马、牛粪诱杀；毒饵诱杀：将 90% 敌百虫 50g 热水化开，加水 3.5~4kg，喷在 7.5kg 炒香的麦麸上，搅拌均匀，傍晚撒施于田间。

（2）人工挖巢灭卵。在产卵盛期结合夏锄，发现产卵洞孔后，再向下深挖 5~10cm，即可挖到卵，还能捕到成虫。

（3）药剂防治。毒沙（土）法：用 50% 敌敌畏乳油 500mL/ 亩加 2.5kg 水，用喷雾器喷在 100kg 干沙上，边喷边搅拌制成毒土，傍晚撒施于田间；灌根：发现幼苗受害，可选用 90% 敌百虫可溶性粉剂 1 000 倍液或 50% 辛硫磷乳油 800~1 000 倍液灌根。

灰巴蜗牛

灰巴蜗牛（*Bradybaena ravida* Benson）属软体动物门，腹足纲，柄眼目，巴蜗牛科。别名蜒蚰螺等。全国各地区均有分布。多食性，可为害玉米、棉花、豆类、麦类、薯类及蔬菜等作物。

为害特点

灰巴蜗牛以舌面上的尖锐小齿寄舔食主叶片、幼茎及果实，造成孔洞和缺刻。爬过后遗留下的白色胶质和排泄的粪便，也能影响幼苗生长（图3-65）。

图3-65 灰巴蜗牛为害状

形态特征

成贝：贝壳中等大小，个体间颜色、大小变异较大。圆球形，壳高19mm，宽21mm。壳质稍厚，坚固，有5~6个螺层，顶部几个螺层增长缓慢、略膨胀，底螺层急骤增长、膨大。壳面琥珀色或黄褐色，并有细致密集的生长线和螺纹。壳顶尖，缝合线深。壳口呈椭圆形，口缘完整略外折，锋利，易碎。触角两对，其中后触角比较长，其顶端长有黑色眼睛。轴缘在脐孔处外折，略遮盖脐孔。脐孔狭小，呈缝隙状（图3-66）。

图3-66 灰巴蜗牛成贝

卵：直径2mm，圆球形，乳白色，有光泽，后逐渐变成淡黄色，接近孵化时，变成土黄色。

幼贝：体较小，浅褐色，特征与成贝相似。

生活习性

灰巴蜗牛在长江流域1年发生1代，以成贝、幼贝在植物根部或草堆、石块、松土下越冬。翌年 3 月上中旬开始活动，该蜗牛白天潜伏，傍晚或清晨取食。4 月至 5 月上中旬成贝开始交配，不久后把卵成堆产在植株根茎部的湿土中，卵粒表面有黏液，常相互黏结成堆，一般每堆有卵 30~40 粒。蜗牛为雌雄同体，经异体交配后才能受精产卵，成贝产卵后即死亡。初孵幼贝多群集在一起取食，长大后分散为害，初孵幼贝食量小，仅食叶肉，稍大时食量增加，造成孔洞或缺刻。蜗牛性喜潮湿，露水越大，为害越重，喜栖息在植株茂密低洼潮湿处，温暖多雨天气及田间潮湿地块受害重。幼贝孵化至螺层发育完成需 6~7 个月，幼贝除性未成熟外，其他生活习性与成贝类同。

防治技术

（1）农业防治。及时铲除玉米田间、田边杂草，保持通风透光；在蜗牛产卵盛期，在久未下的雨天晴时机锄草松土，使卵暴露在土表爆裂而死；通过中耕、秋耕等破坏蜗牛的栖息环境和越冬场所。

（2）人工防治。利用蜗牛昼伏夜出、黄昏和夜间为害的规律，人工捕捉，集中杀灭。

（3）药剂防治。用生石灰 5~10kg/ 亩，撒在农田沟边、垄间，形成封锁带，可短期阻止蜗牛进入农田；用 8% 灭蜗灵颗粒剂 1.5~2.0kg/ 亩，碾碎后拌细土 5~7kg，于天气温暖、土表干燥的傍晚撒在受害株附近根部的行间，2~3 天后接触药剂的蜗牛分泌大量黏液而死亡；用茶子饼粉 3kg 撒施或用茶子饼粉 1.0~1.5kg 对水 100kg，浸泡 24 小时后，取其滤液喷雾，也可用灭蜗灵 1 000 倍液、50% 辛硫磷乳油 1 000 倍液、氨水 100 倍液或食盐水 100 倍液喷雾。

南繁区其他常见玉米害虫生态图谱

图 3-67 稻黑蝽 *Scotinophara lurida* (Burmeister)

图 3-68 稻绿蝽 *Nezara viridula* (Linnaeus)

图 3-69 广二星蝽 *Stollia ventralis* Westwood

图 3-70 点蜂缘蝽 *Riptortus pedestris* (Fabricius)

图 3-71 中稻缘蝽 *Leptocorisa chinensis* Dallas

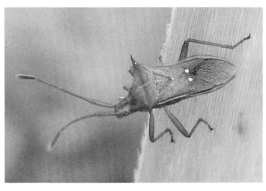

图 3-72 稻棘缘蝽 *Cletus punctiger* (Dallas)

图 3-73 离斑棉红蝽
Dysdercus cingulatus (Fabricius)

图 3-74 联斑棉红蝽
Dysdercus poecilus

图 3-75 黑带红腺长蝽
Graptostethus Servus (Fabricius)

图 3-76 长袖蜡蝉（待分种）

图 3-77 绿盲蝽
Lygocoris lucorum Meyer-Dur

图 3-78 玉米网蝽（待分种）

图 3-79　玉米飞虱（待分种）（长翅成虫）

图 3-80　玉米飞虱（待分种）（短翅成虫）

图 3-81　玉米飞虱（待分种）（若虫）

图 3-82　短额负蝗 *Atractomorpha sinensis* Bolivar（左：成虫；右：若虫）

图 3-83　白星花金龟 *Potosia brevitarsis* (Lewis)

图 3-84　双斑萤叶甲

Monolepta hieroglyphica (Motschulsky)

图 3-85　紫茎甲

Sagra femorata purpurea Lichtenstein

图 3-86　绿鳞象甲

Hypomeces squamosus Fabricius

图 3-87　玉米坡天牛

Pterolophia cervina Gressitt.

图 3-88　黄守瓜
Aulacophora femoralis (Motschulsky)

图 3-89　黄曲条跳甲
Phyllotreta striolata (Fabricius)

图 3-90　棉古毒蛾 *Orgyia postica* (walker)

图 3-91　大茸毒蛾 *Dasychira thwaitesi* Mooer

图 3-92　基斑古毒蛾 *Dasychira mendosa* (Hubner)

图 3-93　肾毒蛾 *Cifuna locuples* Walker

图 3-94　褐带卷叶蛾 *Pandemis heparana* (Schiffermiiller)（左：幼虫；右：为害状）

图 3-95　稻纵卷叶螟
Cnaphalocrocis medinalis Guenee

图 3-96　瓜实蝇
Bactrocera cucurbitae（Coquillett）

主要参考文献

藏宏图，牟丰盛．2016.吉林省玉米蚜的发生及防治［J］.吉林农业，24：88.

陈俊谕，牛黎明，李磊，等．2017.不同颜色粘虫板对花蓟马的田间诱集效果［J］.环境昆虫学报，39（5）：1169-1176.

陈莉敏，周俗，康晓慧，等．2016.达州地区饲用玉米主要病害调查报告［J］.草业与畜牧（6）：49-52.

陈顺立，李友恭，黄昌尧．1989.双线盗毒蛾的初步研究［J］.福建林学院学报，9（1）：1-9.

陈晓娟，卢代华．2015.多食性害虫大螟发生与防治研究进展［J］.中国农学通报，31（25）：171-175.

陈元生，涂小云．2011.玉米重大害虫亚洲玉米螟综合治理策略［J］.广东农业科学，2：80-83.

程立生，蔡笃程，赵冬香，等．2006.热带作物昆虫学［M］.北京：中国农业出版社.

程良，曹春田，张鹏飞，等．2015.舞钢市大豆田灰巴蜗牛发生规律及综合防治技术［J］.现代农业科技，21：153-155.

戴桂荣，徐维友．2016.黄石市菜地东方蝼蛄的综合防治技术［J］.长江蔬菜，21：47-48.

董猛，檀根甲，王向阳，等．2010.安徽玉米病害田间调查与病原鉴定［J］.安徽农业大学学报，37（3）：429-435.

冯建国，徐作珽．2010.玉米病虫草害防治手册［M］.北京：金盾出版社.

郭普．2006.植保大典［M］.北京：中国三峡出版社.

洪晓月，丁锦华．2007.农业昆虫学（第2版）［M］.北京：中国农业出版社.

胡培峰．2018.垦利东亚飞蝗的防治措施［J］.农业与技术，38（4）：50.

胡宗强．2011.浅谈茶小绿叶蝉的综合防治技术［J］.福建农业科技，4：63-64.

孔令和，陈亮．2008.中华稻蝗生物学特性及其综合防治技术［J］.农技服务，25（8）：61-62.

李红莉，崔宏春，郑旭霞．2017.我国茶园小绿叶蝉生物学特性及防治技术研究现状［J］.茶叶，43（2）：67-70.

李莫然，梅丽艳.1988.几种玉米主要病害调查［J］.黑龙江农业科学（5）：52+18.

李少昆，赖军臣，明博.2009.玉米病虫害诊断专家系统［M］.北京：中国农业科学技术
出版社.

李少昆，赖军臣，石洁.2011.图说玉米病虫害防治关键技术［M］.北京：中国农业出版社.

李新.2018.甜菜夜蛾的发生规律及绿色防控技术［J］.吉林蔬菜，5：30.

李勇.2014.务川县直纹稻弄蝶的发生规律及防治技术［J］.耕作与栽培，4：68-69.

李占俊.2018.山东滨州市沾化区东亚飞蝗发生情况及治理对策［J］.农业工程技术
（17）：79-80.

李志勇，梅丽艳.2008.玉米主要病害发生情况调查［J］.黑龙江农业科学（1）：71-74.

林作晓，陆露.2016.广西玉米蚜发生现状与防治措施［J］.广西植保，29（3）：28-29.

刘芳，吴陆山.2011.灰巴蜗牛的为害与防治［J］.湖北植保（4）：41-42.

陆家云.2000.植物病原真菌学［M］.北京：中国农业出版社.

吕国忠，陈捷.1997.我国玉米病害发生现状及防治措施［J］.植物保护，23（4）：20-21.

商鸿生，王凤葵.2015.玉米病虫害诊断与防治［M］.北京：金盾出版社.

商鸿生，王凤葵.2017.图说玉米病虫害诊断与防治［M］.北京：机械工业出版社.

石洁，王振营.2017.玉米病虫害防治彩色图谱［M］.北京：中国农业出版社.

王琦，李欣，杨明进.2009.玉米病虫害识别与防治［M］.银川：宁夏人民出版社.

王琴.2006.玉米条斑型圆斑病病原菌的鉴定和生物学特性研究［D］.杨凌：西北农林科
技大学.

王双全，谢谦，卢凯洁，等.2018.甘肃天水玉米病虫害发生种类及发生程度调查［J］.
甘肃农业科技，（2）：39-43.

王晓鸣，石洁，晋齐鸣，等.2010.玉米病虫害田间手册——病虫害鉴别与抗性鉴定
［M］.中国农业科学技术出版社.

王燕.2017.玉米病虫害原色图谱［M］.郑州：河南科学技术出版社.

王泽华，石宝才，宫亚军，等.2013.棕榈蓟马的识别与防治［J］.中国蔬菜（13）：
28-29.

尉文彬，许雅慧，李金生，等.2017.张家口市鲜食玉米病害调查及防治药剂的筛选［J］.
大麦与谷类科学，34（1）：46-49.

魏林，梁志怀，唐炎英，等.2018.斜纹夜蛾的发生规律与综合防治［J］.长江蔬菜，17：
58-59.

夏声广，王桂跃，韩海亮.2015.鲜食玉米病虫害诊断与防治原色生态图谱［M］.广州：
广东科技出版社.

谢俊贤，2001.陇南玉米优势病害调查与防治［J］.玉米科学（S1）：67-69.

谢联辉，2006.普通植物病理学［M］.北京：科学出版社.

徐洪，何永梅.2017.朱砂叶螨的识别与综合防治［J］.农村实用技术，7：46-47.

薛春生，陈捷.2014.玉米病虫害识别手册［M］.沈阳：辽宁科学技术出版社.

杨云彩，张正山，黄蔚.2018.茶园小贯小绿叶蝉黄板诱杀技术［J］.现代农业科技，24：132.

袁伟宁，何树文，魏建荣，等.2018.河西地区玉米田棉铃虫发生规律及其化学防治技术
　　［J］.植物保护，44（4）：177-182.

张光华，戴建国，赖军臣.2011.玉米常见病虫害防治［M］.北京：中国劳动社会保障出
　　版社.

张辉.2018.玉米螟综合防治技术［J］.现代农业，4：35-36.

张瑞敬，罗晓苹，李登来，等.2018.玉米病害的调查［J］.农家参谋（9）：75.

张维球，曾玲.2004.4种花蓟马的鉴别［J］.植物检疫，18（3）：149-152.

张晓娜，李斌，邓娇，等.2018.二斑叶螨的生物防治研究进展［J］.南方农业，12（2）：
　　5-6.

张永礼.2016.玉米病虫害绿色防治［M］.长春：吉林人民出版社.

张振兰，李永红，李建厂，等.2016.银纹夜蛾及其防治技术［J］.农技服务，33（4）：
　　20-21.

张志豪，王占娣.2018.玉溪市斜纹夜蛾发生规律及绿色防治技术［J］.现代农业科技，
　　22：106-107.

张中义.1988.植物病原真菌学［M］.成都：四川科学技术出版社.

郑肖兰，赵爽，韩小雯，等.2018.海南省南繁区玉米链格孢叶斑病病原菌鉴定及其生物
　　学特性［J］.江苏农业科学，46（6）：82-87.

中国农业百科全书总委员会昆虫卷委员会.1996.中国农业百科全书——昆虫卷［M］.北
　　京：中国农业出版社.

钟宝玉，陈玉托，钟秋萍.2016.广东省玉米有害生物种类调查［J］.热带农业科学，36
　　（12）：63-65.

钟天润，朱恩林.2008.玉米病虫防治分册［M］.北京：中国农业出版社.